主　　编　王直华

策　　划　周雁翎

丛书主持　陈　静

大美悦读·科学与美系列

美妙的数学

插图珍藏版

—— 吴振奎　著 ——

北京大学出版社
PEKING UNIVERSITY PRESS

图书在版编目（CIP）数据

美妙的数学: 插图珍藏版 / 吴振奎著. —北京: 北京
大学出版社，2022.10
（大美悦读·科学与美系列）
ISBN 978-7-301-32964-1

Ⅰ.①美… Ⅱ.①吴… Ⅲ.①数学－青少年读物
Ⅳ.①O1-49

中国版本图书馆CIP数据核字（2022）第049287号

书　　　　名	美妙的数学（插图珍藏版）	
	MEIMIAO DE SHUXUE（CHATU ZHENCANG BAN）	
著作责任者	吴振奎 著	
丛书策划	周雁翎	
丛书主持	陈　静	
责任编辑	陈　静	
标准书号	ISBN 978-7-301-32964-1	
出版发行	北京大学出版社	
地　　　　址	北京市海淀区成府路 205 号　100871	
网　　　　址	http://www.pup.cn　　新浪微博: @ 北京大学出版社	
微信公众号	通识书苑（微信号: sartspku）科学元典（微信号: kexueyuandian）	
电子邮箱	编辑部 jyzx@pup.cn　　总编室 zpup@pup.cn	
电　　　　话	邮购部 010-62752015　发行部 010-62750672　编辑部 010-62707542	
印　刷　者	天津裕同印刷有限公司	
经　销　者	新华书店	
	787 毫米 ×1092 毫米　16 开本　13.75 印张　彩插 4　200 千字	
	2022 年 10 月第 1 版　2024 年 6 月第 3 次印刷	
定　　　　价	69.00 元	

插图珍藏版前言

> 富贵必从勤苦得，男儿须读五车书.
>
> ——（唐）杜甫
>
> 物是人非事事休，欲语泪先流.
>
> ——（宋）李清照

除夕.

久盼的雪飘未至，噼啪的鞭炮声不再……昔日的年味似淡薄了. 从记事起一晃七十余载了，一年年、一岁岁，那些令人难忘、催人回味的往昔，回想起来令人感慨，让人伤怀. 看着曾经的文字，的确付出过不少心血：一字字、一句句、一行行、一篇篇……多少次反复，多少次修改……

数学（科普）小品看似简单，写起来却颇费精力，一要准确，二要通俗，三要有趣，总之一个字：难.

回想当年本书的写作，名师们不屑，年轻人无暇，之所以我会勉强答应下来，是因为那时我还不太老. 如今年逾七旬，体力与精力大不如前，但我仍愿在余生做好此书的修订，我也深知此种机会不会太多了，我只有努力、再努力.

数学看似古老，但它的发展却是日新月异. 昨天的猜想今天或被证实，昨天的难题今天或被破解，昨天的结论今天或被推翻. 奥秘不断被揭示，纪录不断被改写……

数学的严谨，有时不得不去鸡蛋里挑骨头，证（解）不出来就试图去找反例，这种方法行不通就另辟蹊径，有了新的线索就

> 数学有趣而美妙，生活中无处不在.
>
> ——贝尔曼
>
> 数学是科学中最古老的分支，它也是最活跃的学科，因为它的力量就在于它的永葆青春的活力.
>
> ——福斯特
>
> 当数学原理用于现实时，是不确定的；当它们确定时，又不适用于现实.
>
> ——爱因斯坦

去发现和挖掘……翻来覆去,数学也就发展了.

这些也许正是本书需要修订的理由.

此次插图珍藏版增加了近几年来数学研究出现的新课题和新进展,修改了一些计算(数据)成果(如 e、π 的计算),删去一些过时或过于艰深的问题,也调整了一些图片和"小贴士"内容.

趣味肯定蕴藏美感,奇异更会催人追索,数学中这些趣、秘、异、美召唤人们去体味,去欣赏,去思索,细细品嚼,最终也许会品出数学的味道来.

这是一本科普小册子,书中对数学的介绍只是点滴、皮毛,单凭这些,你想把数学看得清清楚楚、明明白白、真真切切,是不可能的.你要有一双慧眼,在走马看花、管中窥豹的过程中去引发对数学的兴趣与热爱,当然更深的了解要去读经典、专著.

王安石说:看似寻常最奇崛,成如容易却艰辛.真的!

吴振奎

2020 年除夕

当你开始用数学眼光去观察世界,一切会变得如此简单而确定.

——彼尔斯

前言

美是自然（确切地讲是"自然的人化"）. 数学作为"书写宇宙的文字"（伽利略语）反映着自然，其中当然存在着美.

"美"是一个哲学概念. 对于山水、风景、形体、相貌这类自然形成的事物，可以据社会文明进步程度、人类智力发展水平、大众审美观点的演化层次，再据多数人的审美观点直观评判其美与否；然而对文学、艺术、建筑、园林……这类带有人工雕琢痕迹的物件，人们再去欣赏它时，美与不美便是一种抽象的思维、判断过程了，比如欣赏艺术大师毕加索的晚年（立体主义抽象）画作，不仅需要观赏者有较高的艺术修养，还要有抽象思维的能力，因为这类画作是将自然物像分解成几何块面，从而从根本上摆脱传统绘画的视觉规律和空间概念（也有人认为这是画家在四维空间作画，即将四维空间的物像用二维图形表现出来）.

真正能够读懂画作的人不会很多，如此一来，有人会认为画作很美，但也有人认为画作不美甚至很丑（正如有人说"美其实是一种感觉"）. 这正是"美学"这门学科所要研究的.

而数学美学研究的主要内容也包括探求数学中的现实美、抽象美、美的感悟和美的创造.

数学（特别是现代数学）作为自然科学的基础、工程技术的先导、国民经济的工具，其本身就具有许多美的特性，它们中的某些是形象、生动而具体的. 比如数学的简洁性、抽象性、和谐性、奇异性等诸方面均展现着数学自身的美——这些一旦让人觉知，一旦被人认识，数学便有新的希望与未来. 数学正是在不断追求完美的过程中孕育、创造并发展的.

对我来说，每一件事都变成数学.
——笛卡儿

宇宙就是哲学的全书. 书写它的语言就是数学，所用文字就是三角形、圆和其他几何图形.
——伽利略

上帝创造世界时用了美的数学.
——狄拉克

美是首要的标准，不美的数学在世界上是找不到永久容身之地的.
——哈代

印象派的批评是欣赏的批评.
——朱光潜

埃舍尔《三个世界》.

毕加索《玛丽画像》.

▲ 读懂这些画作需要一定的艺术修养和较高的鉴赏能力；读懂某些数学公式，不是同样如此吗？

　　把数学，特别是现代数学中美的现象展示出来，再从美学角度重新认识，这不仅是对人们观念的一种启迪，同时可帮助人们去思维、去探索、去研究、去发掘、去创造.

　　数学中的一个结论（定理、公式、图形）、一种证明、一项计算、一份解答，如果看上去很美（简练、和谐、巧妙、生动……），差不多可以说它是正确的. 这就是说：从美学角度探索数学中的一些现象，揭示其中的某些规律，往往可以得到一些研究数学的方法.

　　简言之，数学中的美需要揭示、探讨、挖掘，从而可看作是对美学乃至整个哲学自身的一种丰富，反过来美学方法又可指导数学学习和研究.

　　数学中的美的现象，很早就为一些大数学家（如毕达哥拉斯、高斯等）所关注，并提出过不少精辟、独到的见解，但遗憾的是他们未能有专门论著面世（我国古代数学家也从"趣味"角度，探讨过这类问题，虽然美包含着趣味，但"趣味"并不等于美）.

　　古希腊哲学家苏格拉底认为：最有益的即是最美的. 因而古希腊的美学是知识不可分割的一部分，这恰恰是由于

　　数学，如果公正地看，包含的不仅是真理，也是无上的美——一种冷峻的美，恰像一尊雕刻一样.

　　　　　　——罗素

当时许多学科的幼芽尚未从人类知识大树上长成独立的枝干．当时的哲人们还认为：（现实）美和宇宙之美是统一的．

毕达哥拉斯学派（请注意这是一个数学团体）认为世界是严整的宇宙，整个天体就是和谐与数．正是这个学派在研究音乐时最早使用了数学（他们试图提出一个关于声调对比关系的数学表述：八度音与基本音调之比为 1：2，五度音等于 2：3，四度音等于 3：4，等等），这也是人们最早用数学方法研究美的实践与创始．

至于数学，在当今的科学分类研究中，许多学者称哲学和数学是普遍科学，且认为二者可应用于任何学科和领域，其差别在于刻画现实世界时使用的方法和语言不同：哲学使用的是自然语言，数学使用的是人工语言（数学符号）；哲学使用的是辩证逻辑方法，而数学使用的是形式逻辑与数理逻辑方法．这样哲学家有时可以"感觉到"思维的和谐，而数学家则有时可以"感觉到"公式与定理的和谐，即美．

无论从哪个角度来看，数学美都是一个值得探讨的话题．德国数学家库默尔（E. E. Kummer）说：一种特别的美统治着数学王国，这种美与艺术美的相似性不如与自然美的相似性那么大，它反映了具有抽象能力的思想，它也会得到人们的欣赏，这一点很像自然中的美．

古希腊的亚里士多德认为：数学能促进人们对美的特性——数值、比例、秩序等的认识．

早在三十几年前，笔者便在思考数学之美到底美在哪里，同时留意"数学美"的文字与资料，只是自叹力有不逮，始终未敢妄动．试想：这样一个宏大的课题，要用不太多的文字、在不太长的篇幅里将它全部（哪怕是一部分）展现出来，远非易事．

正如古希腊哲人苏格拉底所说：美是许多现象所固有的一个唯一的东西，它有最普遍的具体性，但美是难以捉摸的．

"无知者无畏"，笔者曾斗胆撰写了《数学中的美》，于 1997 年由天津教育出版社出版，2002 年修订后又由上海教育出版社再版印制，2012 年哈尔滨工业大学出版社再次出版发行．

2008 年应北京大学出版社之邀承担此书的写作，鉴于丛书

> 天下皆知美之为美，斯恶已；皆知善之为善，斯不善已．
>
> ——老子
>
> 社会的进步就是人类对美的追求的结晶．
>
> ——马克思
>
> 数学，如果正确地看，不但拥有真理，而且也具有至高的美．
>
> ——罗素

★ 小贴士 ★

伦敦大学研究人员发现：优美的数学公式能激活用来欣赏艺术的那部分神经中枢．

▲ 亚里士多德的数学手稿．

美是首要的试金石，丑陋的数学不可能永存.

——哈代

的要求，一切必须推倒重来. 这是一件极不情愿却又无可奈何，而且远非轻松（也许会是费力不讨好）的事情，婉拒未果，只得硬着头皮答应. 读书、上网、查资料，写笔记……构思良久，始得框架，遂试图以数学实例去揭示数学潜在规律的同时，探索运用美学原理指导数学创造、发现的途径.

如前所说，数学美的研究也是对美学自身的一种丰富. 虽心里忐忑不安（因为一切要从零开始），但聊以自慰的是：我虽年迈但尚有精力和体力，而我会努力，且我在用心，加之还有北京大学出版社的鼎力支持，以及丛书的诸作者的勉慰，更有编辑陈静女士的辅佐（书中不少图片皆系她提供），成稿之余，笔者首先深深感谢他们.

如此一来，我的尽力纵然有瑕疵，即便是败笔，一切也许能够赢得读者的理解与宽容. 倘若如此，便没有冷落我的劳动，足矣.

吴振奎

2013 年 12 月

现在更多人相信"麦田怪圈"的现象是人类所为，制作这些杰作的人一定懂得几何知识.

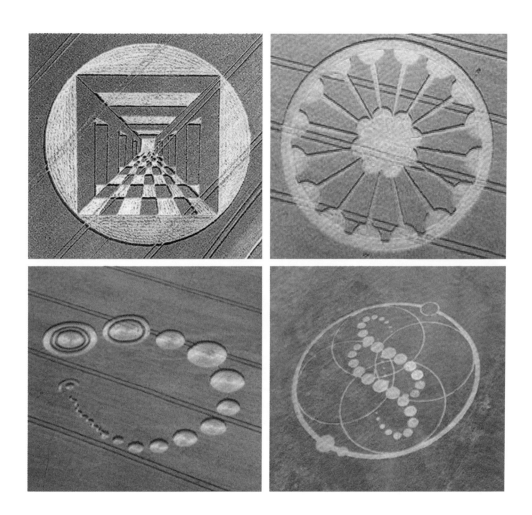

0.618 被达·芬奇称为"黄金数"，而"黄金分割"则被天文学家开普勒赞为几何学中的"两大瑰宝之一"。事实上，黄金比值一直统治着古代中东地区和中世纪时期的西方建筑艺术，无论是古埃及的金字塔，还是古雅典的巴特农神庙；无论是印度的泰姬陵，还是巴黎的埃菲尔铁塔，这些世人瞩目的建筑都是运用黄金分割比例原理创作的伟大艺术品。

① 泰姬陵

② 巴特农神庙

③ 埃菲尔铁塔

对称的概念最初源于几何，如今它的含义已远远超出几何范畴．德国著名数学家魏尔斯特拉斯说"美和对称紧密相连"．从建筑物外形到日常生活用品，从动植物外貌到生物有机体的构造，从化合物的组成到分子晶体的排布……其中皆有对称．

① 北京天坛的建筑呈现对称结构
② 美丽的蝴蝶看上去是对称的
③ 几何对称的剪秋萝
④ 倒影看上去是一种最生动的对称

①	②
	③
④	

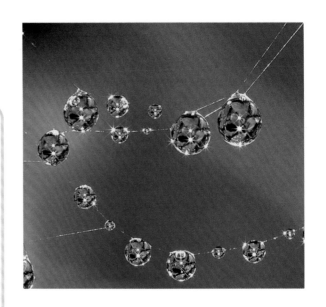

诗人但丁曾赞美道："圆是最美的图形". 从古至今, 人们对圆有着特殊亲切的情感, 都因为它的简洁与美妙. 正如牛顿所说："数学家不但更容易接受漂亮的结果, 不喜欢丑陋的结论, 而且他们也非常推崇优美与雅致的证明, 不喜欢笨拙与繁复的推理".

① 蜘蛛网上的水滴
② 沙滩艺术家 Andres Amador 的沙滩画作

分形几何是美籍法国数学家芒德布罗在 20 世纪 70 年代创立的一门数学新分支，它研究的是广泛存在于自然界和人类社会中一类没有特征尺度却有着相似结构的复杂形状和现象，它与欧氏几何不同．欧氏几何是关于直觉空间形体关系分析的一门学科，它研究的是直线、圆、正方体等规则的几何形体，这些形体都是人为的．但是，"云彩不是球体、山岭不是锥体、海岸线不是圆周"．许多相关的分形会产生漂亮的令人感兴趣的图形．美国著名物理学家惠勒说："可以相信，明天谁不熟悉分形，谁就不能被认为是科学上的文化人！"

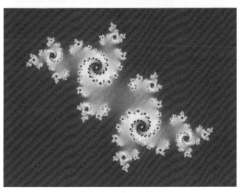

数学的本质是抽象，美国数学家卡迈查尔说："数学家因为对发现的纯粹爱好和其对脑力劳动产品的美的欣赏，创造了抽象和理想化的真理."

　　荷兰画家梵高的后期作品里，可以发现一些漩涡式的团.（一直以来人们把这些漩涡看成是梵高的一种艺术表现形式，而据《泰晤士报》的报道，墨西哥物理学家乔斯·阿拉贡经过研究发现，这些漩涡与科学家用来描述湍流现象的数学公式不谋而合.）

① 梵高作品《星夜》
② 梵高作品《星空下的丝柏路》
③ 数学大师欧拉
（他将著名的"七桥问题"抽象成图形，很快判断出要一次不重复地走遍哥尼斯堡的七座桥是不可能的. 并于 1736 年将关于该问题的研究论文在圣彼得堡科学院宣读，促使了"拓扑学"这一数学分支的诞生.）

$\boxed{数}$ 学中"用有限来填满无限"是一个有趣的话题. 20 世纪 70 年代, 英国物理学家彭罗斯开始尝试在一张平面上用不同的瓷砖铺设的问题. 1974年, 当他发表结果时, 人们都大吃一惊. 这种瓷砖的奇妙之处在于: 用它们中的每一类皆可无重叠又无缝隙地铺满平面, 同时铺设结构不具"平移对称性", 也就是说, 从整体上看图形不重复.

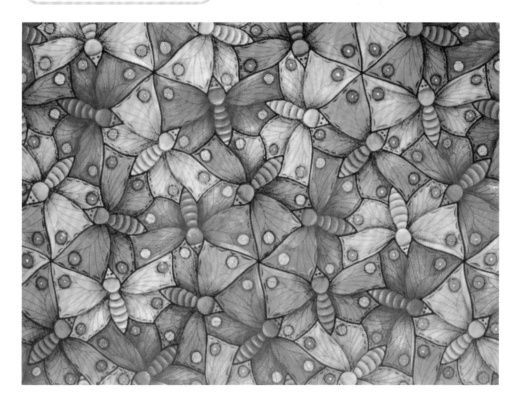

　　直到莫比乌斯带的出现，人们对于正、反面概念有了新的认识.（一张纸，一块布，你可以根据它们的形状区分它的正面和反面，可现实生活中是否存在没有正、反面的曲面？）

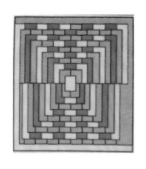
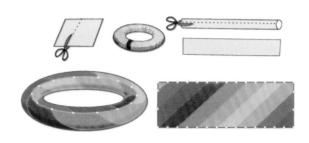

①	②
③	④

① 模仿莫比乌斯带而设计的儿童游戏设施

② 一只蚂蚁可以爬过莫比乌斯带的整个曲面而不必跨越它的边缘（这是拓扑学中的一个著名问题. 这种永远不到头显然体现一种无穷，难怪有人认为，数学符号无穷大正是莫比乌斯带在平面上的投影.）

③ 平面或球面上的地图只需4种颜色即可将图上任何两相邻区域分开（1878年，数学家凯莱正式向伦敦数学会提出这一问题，人称"四色猜想". 图为数学家加德纳创作的四色地图.）

④ 早在"四色猜想"证明之前，数学家希伍德已证得环面上地图的"七色问题"

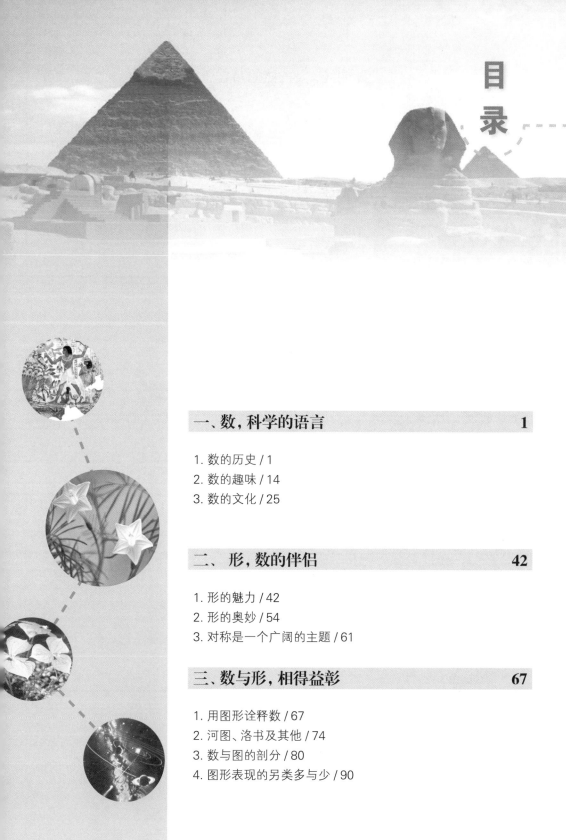

目　录

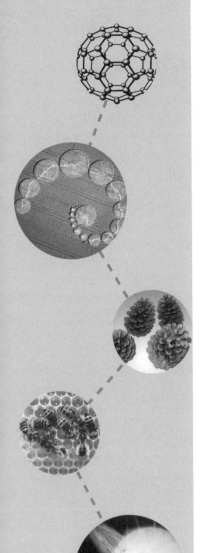

一、数，科学的语言

1. 数 的 历 史

1.1 数数与记数

人们对于数的认识经历了极其漫长的历程.

人类出现的早期，由于狩猎时需要对猎物多寡进行记载（录），于是有了数"一、二、三"，接下来是"很多".

▲甲骨文中的"数"字，左边象征打结的绳，右边象征一只手，表示古人用绳结记数.

▶古埃及壁画中的狩猎图.

▲ 西班牙出版物中描绘的秘鲁人绳结.

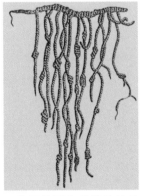

▲ 藏于美国自然博物馆的绳结.

数统治着宇宙.
　　　　　——毕达哥拉斯

★ ★ ★ ★ ★
小贴士 ★

进制

1斤 =16两,是我国旧时计重单位,显然它是"十六进制"(斤与两).

星期历是"七进制",而公元年月是"十二进制"(1年 =12个月).

之后,人类逐渐将数的范围扩大,加之人类一双手有十个手指可用来记数,于是人类认识了十,以后不断地扩大到几十、几百……

数产生后,人类又在考虑如何去记数.

其实,文字产生之前的远古时期,数的概念已经形成,当时人们用实物(石子、树棍、竹片、贝壳等)记数,此外还用绳结记数,我国古籍《易经》上就有关于绳结记数的记载(上古结绳而治,后世圣人,易之以书契),在国外亦然(如南美印加、秘鲁,希腊、波斯、日本等也均有实物或记载).

◀ 藏于巴黎人类博物馆的秘鲁印第安人绳结.

当然,人们还用泥板以及刻骨方法记数.

▲ 现藏于美国哥伦比亚大学图书馆的古代巴比伦的泥板文字.

古巴比伦人计数使用的是六十进制,当然它也有其优点,因为60有约数1,2,3,4,5,6,10,12,15,20,30,60,这样在计算分数时会带来某种方便[现在时间上的(小)时、分、秒以及几何中角的度、(角)分、(角)秒,相邻单位之间进率都是六十进制].

十进制的发明（因为人的双手有十个手指，且它们是最方便、自然、廉价的计算工具）是科学史上最重要的成就.

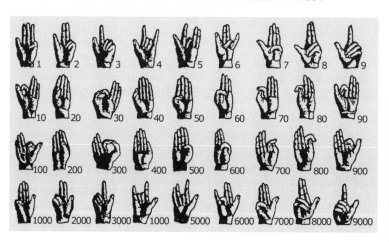

▲数字的手指符号（手指表示数的方式）.

1.2　数学符号的产生

符号对于数学的发展来讲更是极为重要的，它可使人们摆脱数学自身的抽象与约束，集中精力于主要环节，这在事实上增加了人们的思维能力. 没有符号去表示数及其运算，数学的发展是不可想象的.

数是数学乃至科学的语言，符号则是记录、表达这些语言的文字. 正如没有文字，语言也难以发展一样，几乎每一个数学分支都是靠一种符号语言而生存，数学符号作为支柱支撑起数学的全部.

然而，数学符号的产生（发明）、使用和流行（传播）却经历了一个十分漫长的历程，该历程始终贯穿着人们对于自然、和谐、简洁与美的追求.

古巴比伦人在公元前2000年就开始用楔形线条组成符号（今称为楔形文字），记录时将符号刻在泥板上，然后将其放到烈日下晒干以保存. 他们同样也是用楔形文字来表示数（看上去似乎很简洁、粗犷），使用这些符号（文字）无论是用来记录还是运算，都相对方便许多.

早在四千多年以前，古埃及人已懂得了数学，在数的计算方面还会使用分数，不过他们是用"单位分数"（分子是1的分数）

小贴士 ★

我国"干支"纪年是六十进制

干支纪年是中国传统的一种纪年方法. 把甲、乙、丙、丁、戊、己、庚、辛、壬、癸10个天干，与子、丑、寅、卯、辰、巳、午、未、申、酉、戌、亥12个地支，按顺序排列组合，可以得到60个不同的年份（其中天干中"甲、丙、戊、庚、壬"与地支中"子、寅、辰、午、申、戌"相配；而天干中"乙、丁、己、辛、癸"与地支中"丑、卯、巳、未、酉、亥"相配，共60组）. 如此周而复始，60年轮回一次即一个"甲子"，古人把60岁称为"花甲之年"也由此而来.

地支又对应着12个属相：鼠、牛、虎、兔、龙、蛇、马、羊、猴、鸡、狗、猪，但十二属相并非我国特有.

小贴士 ★

数学家们有一个普遍看法：音乐大师莫扎特、巴赫等人都是"隐蔽"的数学家.

数学语言是困难的，但又是永恒的.

——纽曼

数学符号节省了人们的思维.

——莱布尼兹

★ ＊ ＊ ＊ ＊ ★
小贴士 ★

埃及分数

分子是 1 的分数称为单位分数，由于古埃及人总是将分数化为这类分数运算，故又称之为埃及分数. 比如 $\frac{3}{7}$ 化为分母相异的单位分数和时，项数最少的分解是：$\frac{1}{4} + \frac{1}{7} + \frac{1}{28}$.

又，不同分数和的各种表示中，最小分数的分母最大. 若表示 $\frac{3}{7}$ 的单位分数项中分母最大的是 21，则此时 $\frac{3}{7}$ 表为

$$\frac{1}{6} + \frac{1}{7} + \frac{1}{14} + \frac{1}{21}.$$

美国格雷汉姆（R.L.Graham）发现一个单位分数平方和等式：

$$\frac{1}{3} = \frac{1}{2^2} + \frac{1}{4^2} + \frac{1}{7^2} + \frac{1}{54^2} + \frac{1}{112^2} + \frac{1}{640^2} + \frac{1}{4302^2} + \frac{1}{10080^2} + \frac{1}{24192^2} + \frac{1}{40320^2} + \frac{1}{120960^2}.$$

1969 年，数学家布莱策（P.Boulez）在一本名为《数学游览》的书中写道：无法将 $\frac{5}{121}$ 表为项数少于三项的单位分数，同时

$$\frac{5}{121} = \frac{1}{25} + \frac{1}{759} + \frac{1}{208725}.$$

但不知道上面式中最大分母 208 725 项是否为最小分数.

1983 年，华东交通大学的刘润根发现：$\frac{5}{121} = \frac{1}{33} + \frac{1}{99} + \frac{1}{1089}$. 同时，中国四川峨眉疗养院的一位医务工作者王晓明给出另外三组等式：

$$\frac{5}{121} = \frac{1}{33} + \frac{1}{121} + \frac{1}{363}, \quad \frac{5}{121} = \frac{1}{27} + \frac{1}{297} + \frac{1}{1089}, \quad \frac{5}{121} = \frac{1}{33} + \frac{1}{91} + \frac{1}{33033}.$$

稍后，上海宝山教师进修学院的王春风又给出：$\frac{5}{121} = \frac{1}{44} + \frac{1}{55} + \frac{1}{2420}.$

以上这些表达式中，最大的分母都小于 208725.

它们是不是最小分数？不得而知.

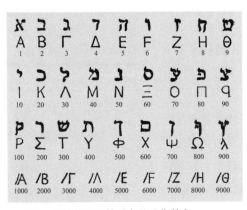

▲玛雅人记数符号及其对应的现代数字.

进行运算的，人们称之为埃及分数.

此外，他们还能计算多边形和圆的面积，已知道圆周率约为 3.16，同时也懂得了棱台和球的体积计算.

然而他们却是用自然写真的符号进行记数的. 这种方式书写和运算都不方便，比如写数 2314，就要用符号表示：

后来他们把符号简化成

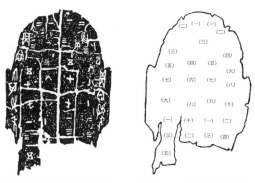

纸张发明之前，我国还经历过竹简时代，将文字刻在竹片上，重要文书还记在丝绸上．这一阶段中，对数的记载仍沿用甲骨、青铜器上的文字，且不断简（演）化．

▲ 象形文字．古代用形象自如的符号来记事．

▲我国出土的甲骨上的数字（左）及其对应的现代汉字（右）．

这个时期人们已经开始用"算筹"进行记数和运算了．"算筹"是指用来计算用的小竹棍（或木棍、骨棍），这也是世界上最早的计算工具（成语中"运筹帷幄"正来源于此，意为在军队帐幕中用算筹推演指挥，出自《汉书·高帝纪》）．用"算筹"表示数的方法是：

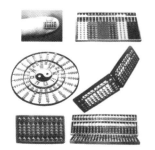

▲ 各式各样的中国（珠）算盘．

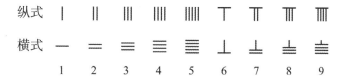

记数时个位用纵式，其余位纵横相间，故有"一纵十横，百立千僵"之说．数字中有0时，将其位置空出，比如86021可表示为

$$\text{Ⅷ ⊥ = Ⅰ}$$

阿拉伯数字未流行之前，我国商业上还通用所谓"苏州码"的记数方法：

▲ 曾经的手摇计算机．

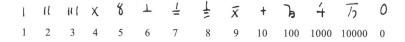

这种方法大大地方便了记数和运算.

▲我国战国时代前后汉字记数的演化.

中世纪欧洲人使用罗马数字记数:

I	II	III	IV	V	VI	VII	VIII	IX	X	L	C	D	M
1	2	3	4	5	6	7	8	9	10	50	100	500	1000

据说阿拉伯数字是印度人发明的,后传入阿拉伯国家,经阿拉伯人改进、使用,因其简便、易书写而传遍整个世界,成为流行至今的通用记数符号.

有了记数方法,人们还要去发明、创造数学运算,比如加、减、乘、除……为了数学运算方便,当然需要实用、简单又准确的计算工具. 始于汉代、成形于明代的算盘是我国在计算工具上曾领先于世界的发明. 利用算盘进行的计算又称"珠算". 明代程大位的《算法统宗》中已有珠算定位、四则运算的口诀.

算盘后来传入日本、欧洲等国家地区,这对当时数学(特别是计算数学)的发展起到一定的作用.

由于数学符号是表述数学内容的文字,这样一来,有了运算工具和方法,还要建立一套简明、方便、实用的符号体

小贴士 ★

数学符号 "!, $\prod$, $\sum$" 的含义

当然数学中还有许多符号，这些符号均有其独特含义，使用它们不仅方便而且简洁，比如 "!" 号表示阶乘，如

$$n!=n\times(n-1)\times\cdots\times2\times1=n(n-1)(n-2)\cdots1,$$

这种符号的进一步延伸与推广便是 "$\prod$"（表示连乘积）：

$$\prod_{i=1}^{n}a_i = a_1 a_2 \cdots a_{n-1}a_n.$$

与之相应的还有求和符号 "$\sum$"，含义是

$$\sum_{i=1}^{n}a_i = a_1 + a_2 + \cdots + a_{n-1} + a_n.$$

在高等数学中，求和概念的推广——函数求积分中的积分符号 "$\int$" 似乎是 "$\sum$" 或 "S" 符号的拉伸.

小贴士 ★

一位数学家的加减乘除

人们喜欢巧妙地运用数学语言，表达一般文字无法表达或叙述不够诙谐的意思. 人们这样描述数学家谷超豪生活中的方方面面.

加法：谷超豪 + 胡和生 = 院士夫妇

一个书房两张写字台，丈夫的书桌朝阳，妻子的书桌面墙——"我这个位置比她的好."谷超豪说.

胡和生"推翻"了"成功男人背后都有一个女人"这个定理，不仅在生活上与丈夫相濡以沫，事业上更是携手共进——她是目前中国数学界首位女院士，也是第一位走上国际数学家大会讲台的中国女性.

减法：日常生活 − 家务 = 更多工作时间

对这对院士夫妻而言，日常生活是一道减法题. 胡和生举例说，节约时间："我一般都不上理发店，通常都是自己洗了头发，再请谷先生帮我剪短一点，稍微修修就可以了. 起初先生说不会剪，我说不要怕. 他慢慢地也就学会了，并且称赞这办法好，省了不少时间和麻烦！"

▲1991年，胡和生（左一）、谷超豪（左二）、李大潜（右一）在苏步青（中坐者）家中.

乘法：数学 × 文学 = 丰富的人生

科学家与诗人似乎是两种气质完全不同的人. 然而谷超豪却发挥业余爱好诗词的优势，做了一道成功的乘法，使自己的人生变得别样丰富.

除法：一生成就 ÷ 教学 = 桃李满天下

几十年来，谷超豪一直继承着苏步青教授留下的传统，定期参加由学生和青年教师组成的数学物理、几何讨论班，至今雷打不动. 谷超豪称，"当年苏步青老师对我说：'我培养了超过我的学生，你也要培养超过你的学生'——他这是在将我的军！如今回首，我想，在一定程度上我可以向苏先生交账了！"

▲ 毕达哥拉斯.

系,这为数学的发展起到至关重要的作用,数学符号某种程度简化了人们的思索和推理. 可以不夸张地讲,**数学的发展史就是数学符号产生和发展的历史**.

数学符号是表述数学内容的特殊文字(或记号),每一个数学符号的诞生背后或许都会有一个美丽动人的故事.

细细想来流传至今的数学符号,确实可为我们勾画出一幅数学发展历程的绚丽多彩的画卷,充满诗情,饱含画意.

1.3 数学运算使数概念不断扩充

有了记数方法,人们又去创造了数学运算以及实施这些运算的工具,这就使得人们对"数"的认识产生飞跃.

首先"十进制"诞生,使得人们仅用十个数学符号就可表示无穷多的整数(用有限表示无限).

随着加、减、乘、除、平方、开方等数学运算以及相应的数学符号的引入,人们对"数"的认识不断加深.

$$\text{自然数}\to\left.\begin{array}{l}\text{分数}\\\text{小数}\end{array}\right]\to\left.\begin{array}{l}\text{负分数}\\\text{负小数}\\\text{整 数}\end{array}\right]\to\left.\begin{array}{l}\text{有理数}\\\text{无理数}\end{array}\right]\to\left.\begin{array}{l}\text{实数}\\\text{虚数}\end{array}\right]\to\text{复数}\to\cdots$$

小贴士 ★

希伯斯发现了无理数

毕达哥拉斯的学生希伯斯应用勾股定理研究了边长为 1 的正方形的对角线,发现对角线长 $\sqrt{2}$ 既非整数又非分数,就是说它不是有理数,即它不能表示为两整数 m, n 之比,即 n/m,因而是一种新数.

可是,当时的毕达哥拉斯学派认为,整数是上帝创造的,而分数可以看作是两个整数的比,整数是完美无缺的,世界上除此之外,不可能再有其他什么数了. 他们公然把这种新数说成是无理的数,并把英勇的数学家希伯斯残酷地抛进大海. 后文还将叙述.

希伯斯的发现,动摇了毕达哥拉斯学派的基础,实际上也动摇了反动的"神权论"的基础.

希伯斯哪里会想到这个数居然可以写出这样整齐、规则的形式:

$$\sqrt{2}=1+\cfrac{1}{2+\cfrac{1}{2+\cfrac{1}{2+\ddots}}}.$$

回想我国古近代数学发展历史,从中不难看到,由于数学符号体系的制约,使得原本先进的我国数学日渐落后. 数学符号简化了数学的推演,也促进了数学的发展.

现今通用数学符号的意义及发明年份表

（1）运算符号

符 号	意 义	发明时代
$+,-$	加法、减法	15 世纪末
$\times$	乘法	1631
$\cdot$	乘法	1698
$:,\div,/$	除法	1684
$a^2,\cdots,a^n$	幂	1637
$\sqrt{\ },\sqrt[3]{\ },\cdots$	方根	1629—1676
$\log$	对数	1624
$\log$	对数	1632
$\sin,\cos,\tan,\cot$	正弦、余弦、正切、余切	1748—1753
$\arcsin$	反正弦	1772
$\sinh,\cosh$	双曲正弦、双曲余弦	1757
$\mathrm{d}x,\mathrm{dd}x,\cdots$ $\mathrm{d}^2x,\mathrm{d}^3x,\cdots$	微分	1675
$\int y\mathrm{d}x$	积分	1675
$\mathrm{d}/\mathrm{d}x$ $f',y',f'x$	导数	1770—1779
Δx	差分,增量	1755
$\partial/\partial x$	偏导数	1786
$\int_a^b f(x)\mathrm{d}x$	定积分	1819—1820
$\sum$	求和	1755
$\prod$	求积	1812
$!$	阶乘	1808
$\lvert x\rvert$	绝对值	1841
$\lim$	极限	1786
$\lim\limits_{n=\infty}$	极限	1853
$\lim\limits_{n\to\infty}$	极限	20 世纪初

（2）关系符号

符 号	意 义	发明时代
$=$	相等	1557
$>,<$	大于,小于	1631
$\equiv$	同余,全等	1801
$/\!/$	平行	1677
$\perp$	垂直	1634

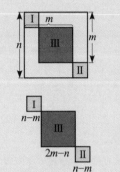

小贴士 ★

$\sqrt{2}$ 为无理数的一个证法

证 若 $\sqrt{2}$ 为有理数，则有 $\dfrac{n}{m}=\sqrt{2}$，令 n，m 为使其成立的最小整数，显然 $n>m$. 如图所示，将边长为 m 的两个正方形放在边长为 n 的正方形内.

这样有 $S_{\mathrm{III}}=S_{\mathrm{I}}+S_{\mathrm{II}}$，其中 S 表示面积，即

$$(2m-n)^2=2(n-m)^2$$

或 $\dfrac{2m-n}{n-m}=\sqrt{2}$，

而 $2m-n$，$n-m$ 比 n，m 更小，与 n，m 为使其成立的最小整数相矛盾！

　　数学语言是精确的，它是如此精确，以致常常使那些不习惯于它特有形式的人觉得莫名其妙.

——克莱因

　　自然界的大书是以数学符号写的.

——伽利略

▲莱布尼兹.

▲欧拉.

（3）对象符号

符　号	意　义	发明时代
∞	无穷大	1655
e	自然对数的底	1763
π	圆周长与直径之比（圆周率）	1706,1736
i	-1 的平方根	1777
i,j,k	单位向量	1853
$\prod(a)$	平行角	1835
x,y,z	未知数或变量	1637
r 或 $\vec{r}$	向量	1853

1.4　虚数不虚

数学家莱布尼兹说:"虚数是奇妙的人类精神寄托,它好像是介于存在与不存在之间的一种两栖动物."

12 世纪印度人婆什伽罗讲过: 正数的平方、负数的平方都是正数;正数的平方根一正一负两个;负数没有平方根,因为负数不是平方数.

文艺复兴时期的意大利人卡尔达诺（G. Cardano）却大胆使用了一个记号来表示这种无意义的东西. 1545 年,他在"论不可能将 10 分成其乘积为 40 的两部分"的演讲中认为,该问题的解会引出下列两个不可能的式子:

$$5+\sqrt{-15}, \quad 5-\sqrt{-15}.$$

他认为这仅仅是作为一个符号存在而已,是无意义的、诡辩的、不可能的、意想的、神秘的、虚幻的.

然而,三次方程解法（求根公式）的研究使人们将这种符号当成数来使用. 诸如圆周率之类的常数,要精确地表示它们根本不可能,然而用数学符号可帮助人们解决这一难题,比如用某些特定字母可准确地表示它们（正像不能书尽 $\sqrt{2}=1.41421356\cdots$ 却可用 $\sqrt{2}$ 表达一样,也许我们并不真的知道它到底是多少）.

据称是欧拉（L. H. Euler）率先将 $\sqrt{-1}=i$ 引入数学符号系统的（1777 年,论文"微分公式"中）,这也使我们联想到: 欧拉的成就与他对数学符号的创造不无关系. 这项发明得到一些数学家如高斯（C. F. Gauss）等人的支持和倡用,随后得以流行.

数概念进化的里程碑

数概念	发明者	发明时代
自然数	—	远古
无理数	毕达哥拉斯学派	公元前 6 世纪
无限概念	芝诺、柏拉图	公元前 4 世纪
素数	欧几里得	公元前 2、3 世纪
0 记号发明	我国筹算中已有表示	公元前 5 世纪, 公元初期
负数引入	《九章算术》中已有（我国秦汉时期竹简）	公元初期
复数	卡丹、邦别利	16 世纪
无限小数系统	卡瓦里利	16 世纪
二进制发明	莱布尼兹	1703
四元数	哈密顿	1843
超越数	刘维尔	1844
超限数	康托	1883

1.5 代数学是数的符号形式的运算

代数学与几何学、三角学等都是数学的一个分支，它在某种意义上说是符号形式的运算．我们熟悉的四则运算等数学符号的产生、演化过程可见下表：

运算		加	减	乘	除	乘方	等号	未知量
现代符号		$+$	$-$	$\times, \cdot$	$\div, \dfrac{a}{b}$	a^k	$=$	$x, y, z, \cdots$
来源	世纪							
埃及	公元前				$\frac{1}{3}=$			
亚历山大					$\frac{1}{3}=r''$			
印度	11	梵语 ya	数字上加一点			$x^2=\square$	……	
意大利	16	$\tilde{p}$	$\tilde{m}$					
德国	16	$+$	$-$					
[比利时]斯蒂文	16	$+$	$-$			$x^2=②$	Feraegale	O
[英]雷卡德	16	$+$	$-$			$x^3=③$	$=$	
[法]韦达	17	$+$	$-$	in	$\frac{3}{4}$	$x^2=\boxed{x}$	Aequabantut	A, E, O
[英]奥特雷德	17	$+$	$-$	$\times$	$\frac{3}{4}$	$x^2=④$		
[英]哈里奥特	17					a^2	$=$	a, b, d
[法]笛卡儿	17				$\frac{3}{4}$	x^2 或 xx	$\propto$	x, y, z
[德]莱布尼兹	18	$+$			$\frac{a}{b}$	$a^3=③a$		

代数学的产生与方程研究关系甚密．"方程"是代数学的一项核心内容和重要课题．方程符号的产生同样有着悠久的历史．

埃及出土的 3600 年前的《莱因特纸草书》上有下面一串符号：

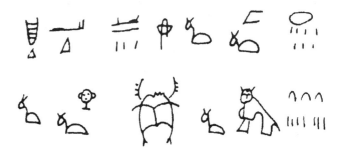

▲ 宋本《孙子算经》中的不定方程.

这些符号既不是绘画艺术，也不是装饰图案，它们表达的却是一个代数方程式，用今天的符号表示即

$$x\left(\frac{2}{3} + \frac{1}{2} + \frac{1}{7} + 1\right) = 37.$$

宋、元时期我国也开始了相当于现在"方程论"的研究，当时记数仍使用的是"算筹"，在当时的数学著作中，就是用下图中的记号来表示二次三项式 $412x^2 - x + 136$ 的，其中 x 系数旁边注以"元"字，常数项注以"太"字，筹上画斜线表示"负数".

到了 16 世纪，数学家卡尔达诺、韦达（Viéte）等人对方程符号做了改进．

直到笛卡儿，才第一个采用 x, y, z 表示未知数，他曾用

$$xxx - 9xx + 26x - 24 \propto 0$$

表示

$$x^3 - 9x^2 + 26x - 24 = 0,$$

这与现在的方程写法几乎一致．

其实，数学表达式的演变正是人们追求数学和谐、简洁、方便、明晰的审美过程．

1545 年，意大利人卡尔达诺用

$$\text{cubus } \bar{p} - 6 \text{ rebus aequalis } 20$$

表示

$$x^3 + 6x = 20.$$

1572 年，意大利人邦别利（E.Bombieri）用

$$\text{l. p. 8 Equale } \hat{a} \ 20$$

表示

$$x^6 + 8x^3 = 20.$$

1591 年，法国数学家韦达用

$$B \ 5 \text{ in} \cdot A \text{ quad } C \text{ plano } 2 \text{ in } A + A \text{ cub aequatur } D \text{ solid}$$

表示

$$5BA^2 - 2C \cdot A + A^3 = D,$$

即

$$5bx^2 - 2cx + x^3 = d.$$

显然，笛卡儿创建的符号系统已接近现代通用的符号，直到
1693 年，沃利斯（John Wablis）创造了现在人们仍在使用的符
号，如：

$$x^4 + bx^3 + cx^2 + dx + e = 0.$$

尽管韦达是第一个引进字母系数的人，但他仍以希腊人的齐
次原则、拉丁记号 plano 和 solid 分别表示平面数和立体数；用
aequatur 表示等于，in 表示乘号，quad 和 cub 分别表示平方和立
方，这显然还不够简化．笛卡儿的符号已有较大程度的简化．

由此可见，数及其运算只有用符号去表示，才能更加确切和
明了．而随着数学的发展，用原有符号去表示新的概念，有时竟
会感到无能为力，比如，没有根号如何表示某些无理数？这就要
求数学不断创新．

圆周率（圆的周长与直径的比）是一个常数，但它又是无限
不循环小数，因而写不出它的精确值．

1737 年欧拉首先倡导用希文 π 来表示它，且流行至今，通用
于世．

欧拉用 e 表示特殊的无理常数（也是超越数），因此 e 也称
欧拉数：

$$\lim_{n \to \infty} \left(1 + \frac{1}{n}\right)^n = 2.718281828459045\cdots = e.$$

要想具体、准确地写出圆周率或欧拉数根本不可能（它们
无限且不循环），然而使用数学符号却可精确地"表示"它们
（尽管并未涉及具体数字表示）．

▲纪念欧拉的邮票．

2. 数的趣味

人们学会了数"数"且发明了记"数"（包括数运算）的符号，进而有能力去研究数，因为数本身有许多蕴涵其中的奥秘，这一切往往是从人们对数的趣味研究开始．这种研究是五色缤纷的，因为人们会从不同角度，不同层面，不同视野去研究探讨，如此一来，往往会派生出许多话题，诞生不少数学分支．

2.1　二进制与《周易》八卦

计算机的出现堪称人类科技发展史上一个重大事件，它从方方面面改变、影响，甚至左右着人们的生活．然而它的发明却与数学中的二进制有关．这首先要感谢莱布尼兹．

莱布尼兹在苦思冥想研究二进制时，我国《易经》中的太极图令他幡然顿悟，且对几千年前中国人的创造与自己的发现竟有如此神秘的联系而感到十分欣慰．把图中的"—"记作 1，"- -"记作 0，再按照"逢二进一"的法则，即可表出《易经》中的四象八卦．例如，用上述的记号可将 ☷ ☶ ☵ ☳ 对应写为 000，001，010，011，即从 0 到 3 的"二进制数"；这样《易经》中六十四卦（它由六个阴、阳爻组成）可对应写成从 0 到 63 的"二进制数"．

由此，莱布尼兹开始了完善二进制体系的工作．1703 年他发表了"谈二进制算术"一文，列举了二进制的加减乘除运算的例子，从此确立了二进制学说．

随着时光的流逝，二进制学说已逐渐地由数学家的"古玩"，变成现代科学技术的重要工具，特别是在电子计算机快速发展且广泛应用的今天．

1843 年英国数学家哈密顿（W. R. Hamilton）发现四元数的过程也很有趣，他曾写道：

▲ 现今都柏林的布鲁翰桥上立有一块小石碑，上面刻着："1843 年 10 月 16 日哈密顿爵士走过这里时灵光乍现，他发现了四元数的乘法基本公式 $i^2=j^2=k^2=ijk=-1$，特刻之于桥石".

1843 年 10 月 16 日，当我和夫人步行去都柏林途中来到布鲁翰桥的时候，它们就来到了人世间……此时我感到思想的电路通了，从中落下的火花就是 i，j，k 之间的基本方程. 我当场抽出了笔记本，就将这些作了记录……

这一发现开启了多元数的旅程，特别是在线性代数上.

▲ 2003 年爱尔兰为纪念哈密顿而发行的金币.

2.2　素数，永唱不衰的旋律

人会老，东西会老；天若有情天亦老；然而数学却永不会老，因为它善于"吐故纳新".

素数（又称质数）、合数的研究自古以来就为人们所偏爱，这也正是"数论"这门学科（数学分支）长盛不衰的缘由.

（1）完全数与梅森素数

素数有无穷多，这一点早为古希腊学者欧几里得发现并印证.

他是用反证法证明的，证法是：

若不然，素数只有有限个，记它们是 p_1，p_2，$\cdots$，p_n，今考虑
$$N = p_1 p_2 \cdots p_n + 1.$$

显然 p_1，p_2，$\cdots$，p_n 均不是 N 的因子（用 p_1，p_2，$\cdots$，p_n 去除 N 都余 1）.

若 N 是素数，则它是一个比 p_1，p_2，$\cdots$，p_n 都大的素数，与前设只有有限个素数 p_1，p_2，$\cdots$，p_n 矛盾.

若 N 是合数，则它也有异于 p_1，p_2，$\cdots$，p_n 的因子，亦与前设矛盾.

故素数只有有限个不真，素数有无穷多个.

然而人们一直努力试图找到表示素数的解析式.

$2^p - 1$，当 p 是合数时，它是合数；反过来，当 p 是素数时，它却不一定是素数.

公元前 3 世纪，古希腊数学家欧几里得在《几何原本》第九章中，有这样一段奇妙的记载：

在自然数中，我们把恰好等于自身的全部真因子（包括 1）之和的数，叫作"完全数"像 6，28 就是完全数，注意到 6 的全部真因子之和 $1+2+3$ 恰好等于 6（6 也是丢番图方程 $x+y+z=xyz$ 的唯一解）；28 的全部真因子之和 $1+2+4+7+14$ 恰好等于 28.

> ★ ★ ★ ★
> **小贴士** ★
>
> 若 l 与 k 互素即 (l, k) $=1$，则在 $\{l+nk\}$（$n=1$，2，3，$\cdots$）中有无穷多个素数.
>
> 这一结论由德国数学家狄利克雷（P. G. L. Dirichlet）于 1841 年发现，是他证明级数 $\displaystyle\sum_{n=1}^{\infty} \frac{1}{nk+l}$（$k$，$l$ 互素）发散后推得的.
>
> 它显然也给出素数有无穷多个的一种证法.

★ ★ ★ ★ ★
★
小贴士 ★

完全数的性质

完全数还有许多奇妙的性质,比如:

(1)完全数是 2 的连续方幂和:

$$6=2^1+2^2;\quad 28=2^2+2^3+2^4;\quad 496=2^4+2^5+2^6+2^7+2^8.$$

(2)完全数可表为连续自然数之和:

$$6=1+2+3;\quad 28=1+2+3+4+5+6+7;\quad 496=1+2+3+\cdots+31;\quad 8128=1+2+\cdots+126+127;\quad\cdots.$$

(3)除 6 外,完全数可表为相继奇数的立方和:

$$28=1^3+3^3;\quad 496=1^3+3^3+5^3+7^3;\quad 8128=1^3+3^3+\cdots+13^3+15^3;\quad\cdots.$$

多重完全数

一个整数的 k 倍等于它的全部因子(包括 1 和其自身)之和,称其为"k 重完全数",比如 $120\times3=360=$ 1+2+3+4+5+6+8+10+12+15+20+24+30+40+60+120(这些系 360 的全部因子),称为 3 重完全数. 已发现:

3 重完全数(6 个):120,672,523776,459818240,1476304896,51001180160.

4 重完全数(20 个):30240,32760,60480,…,363819397360938530819486 5152.

5 重完全数(12 个):14182439040,…,3278931242450398462137351536 6400.

6 重完全数(1 个):154345556085770649600.

同样,496 和 8128 也有相同的性质.

欧几里得在《几何原本》第九章中给出如下命题:

若 2^p-1 为素数,则 $(2^p-1)\,2^{p-1}$ 是一个完全数.

该命题为后人寻找新的完全数提供了信息. 而 2^p-1 型素数恰好为梅森素数.

大约一千年后,人们才找到第五个完全数 33550336.

1730 年欧拉又给出一个令人振奋的精彩结论,即:

若 n 是一个偶完全数,则 n 必有 $2^{p-1}\,(2^p-1)$ 形状.

这样一来就使得所谓的偶完全数与梅森素数一一对应起来.

梅森素数是什么? 1644 年法国一个名叫梅森(实为一个喜爱数学的神职人员)的人宣称(刊于 1644 年出版的《物理学与数学的深思》一书):

当 $p=2$,3,5,7,13,17,19,31,67,127,257 时,2^p-1(给出的)都是素数.

这一发现曾轰动当时的数学界,据说连欧拉对此也极感兴趣. 其实梅森本人只验算了前面七个,后面四个虽未经验算(它的计算量很大),但人们似乎对之笃信不疑.

1903 年在纽约的一次科学报告会上,哥伦比亚大学的数学家科尔(S. Cole)做了一次无声的报告,他在黑板上先算出 $2^{67}-1$,

▲ 梅森.

接着又算出

$$193707721 \times 761838257287,$$

两个结果完全相同. 他一声不响地回到了座位上，会场上却立刻响起了热烈的掌声（据说这是该会场第一次）. 何故？因为他否定了 $2^{67}-1$ 是素数这个两百年来为人们所不曾怀疑的结论.

可这短短的几分钟掌声，却花去了数学家科尔三年的全部星期天.

无独有偶，波兰数学大师施坦因豪斯（H. Steinhaus）曾在其所著《数学一瞥》一书中写道：

78 位的数 $2^{257}-1$ 是合数，可以证明它有因子，但其因子尚不知道.

这个结论是克拉奇科在 1922—1923 年间花了近 700 个小时才证明出来的.

1946 年电子计算机问世之后，对于某些单调、重复而烦琐的计算，可让机器去完成. 1952 年，人们在 SWAC 电子计算机上仅花了 48 秒，便找到 $2^{257}-1$ 的一个因子.

此后，人们又陆续借助于电子计算机找到（到 2018 年为止）共计 51 个梅森素数，其中后 11 个分别是

$$2^{24036583}-1, \quad 2^{25964951}-1, \quad 2^{30402457}-1,$$
$$2^{32582657}-1, \quad 2^{37156667}-1, \quad 2^{43112609}-1,$$
$$2^{42643801}-1, \quad 2^{57885161}-1, \quad 2^{74207281}-1,$$
$$2^{77232917}-1, \quad 2^{82589933}-1.$$

（2）费马素数

人们并不满足已发现的结论，有人还在试图寻找其他素数表达式. 1640 年前后，费马（Pierre de Femat）验算了表达式

$$F_n = 2^{2^n}+1 \text{（下文称该式所给出的数为费马数）}$$

当 $n=0,1,2,3,4$ 时的值分别是

$$F_0=3, \quad F_1=5, \quad F_2=17, \quad F_3=257, \quad F_4=65537$$

它们均为素数，然后他便断言：

对于任何非负整数 n，表达式 $F_n = 2^{2^n}+1$ 均给出素数.

大约一百年后，1732 年数学大师欧拉在研究这个问题时发

小贴士 ★

若 p 为素数，又 $2p+1$ 仍为素数，则 p 称为索菲·热尔曼素数. 如 2, 3, 5, 11, 23, 29, 41, 53, 83, 89, 113, 131, 173, 179, 191,…至今已知最大的此类素数是 $18543637900515 \times 2^{66667}-1$.

小贴士 ★

n 与 $2n$ 间（$n>1$）必存在一个素数.

这是 1845 年数学家伯兰特提出的猜想，今已证得（利用 $\pi(x) \sim \dfrac{x}{\ln x}$）.

小贴士 ★

能毁灭地球的陨石个头

人们猜测恐龙的灭绝是陨石撞击地球所致. 计算表明，直径 800 m 的陨石撞击地球的威力相当于 1000 亿吨 TNT 炸药. 直径 1.6 km 的陨石可能会给大气平流层带入大量尘埃，遮天蔽日，引发全球变冷. 有人估计，直径约为 100 km 的陨石可完全毁灭地球. 造成恐龙灭绝的陨石直径约为 11～13 km.

> 我发现了好多数学定理.
> ——费马

现，$n=5$ 时

$$F_5=2^{2^5}+1=641\times6700417$$

已不再是素数.

有趣的是：到目前为止，人们除了 F_0，F_1，F_2，F_3，F_4 外，再也没有发现新的这类素数.

费马数中是否有无穷多个素数？或者有无穷多个合数？这个问题至今仍然悬而未决，尽管不少数论专家认为（猜测），F_4 之后的费马数全为合数.

小贴士 ★

费马数 $F_n=2^{2^n}+1$ 研究进展表

n 值	F_n 研究进展
$0\sim4$	素数
$5\sim11$	找到标准分解式
12, 13, 15, 16, 17, 18, 19, 21, 23, 25, 27, 30, 32, 38, 39, 42, 52, 55, 58, 63, 73, 77, 81, 117, 125, 144, 150, 207, 226, 228, 250, 267, 268, 284, 316, 329, 334, 398, 416, 452, 544, 556, 637, 692, 744, 931, 1551, 1945, 2023, 2089, 2456, 3310, 4724, 6537, 6835, 9428, 9448, 23471	知道 F_n 的部分因子（尚不知其全部因子）
14, 20, 22	知道为合数，因子不详
24,…	不知是素数还是合数

小贴士 ★

　　另有文献称［见里本伯姆（P. Ribenboim）的《博大精深的素数》一书］：卢卡斯（E. Lucas）于 1876 年已证得 $2^{67}-1$ 是合数（但其分解式不知给出否）.

　　在上述文献中，$2^{257}-1$ 是合数的事实是拉赫曼（E. Lehmer）于 1927 年证得（发表于 1932 年）的.

小贴士 ★

正十七边形作图

　　1796 年，年仅 19 岁的高斯用圆规和直尺（没有刻度）作出了正 17 边形，从而改变了他一生的志向，并证得：以费马素数（即形如 $2^{2^n}+1$ 的素数）及它的 2^k 倍数（$k\in\mathbf{Z}_+$）为边数的正多边形都可用尺规作出.

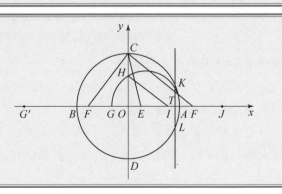

素数看上去抽象，研究起来困难（其中问题多多），但它应用广泛．下面仅介绍几个它的实际应用．

1. 素数与密码

现今密码已不仅仅用在军事、外交等少数领域，它随科学技术发展，已广泛应用于电信、金融、交通等诸方面．20世纪70年代人们利用大素数分解制造出"公钥密码"体制（RSA体制）．

发收者先约定两个"公开码钥"，这是两个数 n 和 s，其中 $n=pq$，p，q 是两个大素数．

发码者以 $M^s \equiv C \pmod{n}$ 的同余（对模 n）C 发给收码者，这时他可从

$$C^t \equiv M \pmod{n}$$

中解得信息 M．

由于 n 很难分解，即便你知道了明钥 n，s 且接收到密码 C，仍无法破译．

当然还有人用大素数加上圆周率 π 的一段做成数字公钥，其破解难度会更大．

2. 素数与机械

在机械设计中常会遇到齿轮设计（它们可以调速、调向），其实这里也会用到数学，特别是"数论"．

齿轮齿数往往都是素数，这可使两相邻齿轮中两相同轮相遇的次数减少［它们的最小公倍数，即相同轮齿再次相遇转过的齿数最大，比如两相邻（咬合）的齿轮齿数分别是17和31，则在它们第一次相遇后，下一次相遇时，齿轮已转过 $17 \times 31 = 527$ 齿］，以使齿轮磨损更加均匀，从而增加其耐用度且减少机械故障．

前文曾说过：从几何学研究得到结论，齿轮齿数最少为17．

过去的短轨铁路中，每根铁轨长度与火车车轮周长也存在互素关系，这样可减少它们相互的磨损（短轨铁路铁轨间有缝隙，车轮经过时会有震动和摩擦）．

3. 素数与生物

研究表明，农田作物农药使用周期（次数）以素数为最佳．不少生物生命周期常和素数相关（这是自然选择以避开天敌）．如要保护某物种就要减少与天敌相遇的概率，使其繁衍周期避

小贴士 ★

　　1976年美国斯坦福大学的赫尔曼（E. Hellman）等人首先创立并发表了"公钥密码体制"．加密密钥可公开，解密密钥保密（也可用计算方法获得，但很难）．

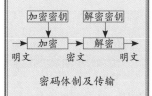

密码体制及传输

小贴士 ★

RSA体制简言之

加密 $C \equiv M^s \pmod{n}$．
解密 $M \equiv C^t \pmod{n}$．

开天敌周期,这里面往往用到素数.

大自然中,由于自然选择使得某些生物利用素数性质去避免天敌得以繁衍.据报道,北美洲有一种蝉,其生命周期为 17 年(另有一种为 13 年),幼虫潜伏于树根下,每 17 年后破土而出,成长、交配、产卵,几周后死去.

17 年能有效避免天敌的原因之一是,捕食者一般不会有如此长的生命周期与蝉同步.固定生命周期的天敌与 17 年周期的蝉在同一年相遇的机会不大.

比如蝉的捕食者生命周期为 2,3,4,…年,而蝉的生命周期为 17 年,这样它们要 2×17,3×17,4×17(2,3,4,…与 17 的最小公倍),…年才能相遇一次.

研究人员发现:在 17 年周期的蝉出现后第 12 年,天敌鸟类数量明显下滑,到第 17 年时数量最少.17 年周期的蝉以此避开天敌,使其种群得以长久延续.此外,素数在数学研究上也有其独特的应用.单单它的研究就带动了许多数学分支的诞生.

2.3 亲和数对

我们再来看看"亲和数"或"亲和数对"的奇妙性质.

纪元前的某些人类部落把 220 和 284 两个数字奉若神明.男女青年择偶时,往往先把这两个数分别写在不同的木签上,他们若分别抽到了 220 和 284,便被确定结为终身伴侣;否则,他们则天生无缘,只有分道扬镳了.

这种结婚方式固然是这些部落的陋俗,但在某种迷信色彩的背后,却隐匿着人们对于这两个数字的敬畏.表面上,这两个数字似乎没有什么神秘之处,其实不然:

220 的全部正整数因子(不包括 220)之和恰好等于 284,记为 $\sigma(220)=284$;而 284 的全部正整数因子(不包括 284)之和又恰好等于 220,记为 $\sigma(284)=220$.这真是绝妙的吻合!

也许有人认为,这种"吻合"极其偶然,抹去神秘的面纱,很难有什么规律蕴涵于其中.恰恰相反,这偶然的"吻合"引起了数学家们极大的关注,他们花费了大量的精力进行研究、探索,终于发现,有此性质的"亲和数对"并不唯一,它们在自然数中构成了一个独特的数系.

录找亲和数对

寻求亲和数对有许多办法，阿拉伯数学家们叙述了这样一个办法：

对于 $n > 1$，若 $a = 3 \cdot 2^n - 1$，$b = 3 \cdot 2^{n-1} - 1$，$c = 9 \cdot 2^{2n-1} - 1$，只要 a，b，c 全为素数，则数偶（$2^n ab$，$2^n c$）即为亲和数对。

比如 $n=2$ 时产生亲和数对（220，284）。此公式仅给出两个数皆为偶数的亲和数对，对于是否存在一个数为奇数、一个数为偶数的亲和数对，至今未能有定论。

关于亲和数的发现，黎利（H. te Riele）给了小于 10^{10} 的所有 1427 对亲和数，后经巴蒂亚多（S. Battiato）等人努力，精心搜索了小于 2×10^{11} 以及更大范围内的整数后，找到约 40 万对亲和数。

至于亲和数对的个数，爱尔特希（P. Erdös）猜测：

小于 x 的亲和数对个数 $A(x)$ 至少有 $x^{1-\varepsilon}$ 个（其中 $0 < \varepsilon < 1$ 为待定参数）。

正像人们对美的追求从不间断、从不停歇一样，人们对数学中许多美妙的概念不断地翻新，人们已把亲和数对推广成亲和数链，链中每一个数的因子之和等于下一个数，而最后一个数的因子之和等于第一个数（因而是封闭的链）。

比如 1945330728960，2324196648720 和 2615631953920 是三环链的亲和数链。又如 12496，14288，15472，14536，14264 便是一个五环链的亲和数链，再如：

① 2115324，3317740，3649556，2797612；

② 1264460，1547860，1727636，1305184，

便是两条四环链的亲和数链。

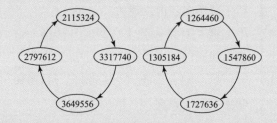

1965 年滑铁卢大学的福赖尔（K. D. Fryer）发现一个以 14316 打头的有 28 环的亲和数链。

此外，人们还研究了所谓"半亲和数"等问题。

数论中最古老又最年轻（有活力）的话题便是素数了。

相似亲和数

请注意下面三个整数组成的数组，其中某个数是其他两个数之和，这个数组是很特别的一类，请看：

$$\{459, 495, 954\}.$$

首先，组成它们的数字完全一样（当然位数都是三位），我们称它们为"相似数"。

再注意：$954 = 459 + 495$，即组中的一个数是另两个数之和，我们称它们为"亲和数组"，既"相似"又"亲和"的数组称为"相似亲和数组"。

对于四位的"相似亲和数组"请留心：$\{2493, 2439, 4932\}$。

显然，$4932 = 2493 + 2439$。

再来看五位的"相似亲和数组",比如:{12492, 12429, 24921}.

当然也有 24921＝12492＋12429.

谈到这里,我们想问:你能给出六位、七位、八位……甚至上千位的"相似亲和数组"吗?

难!你也许会说(首先,三个数的组成数字全一样,且其中一个为另外两个之和).

直接去找,当然不易.可你想过别的招吗?"累加"(用天平测量重物不是用砝码一点一点累加吗?)也许是个好办法.

已经给你提示了,你想出点子了吗?(你先想,实在想不出再往下看答案.)

六位"相似亲和数组"可用三位"相似亲和数组"双写来生成:{459 459, 495 495, 954 954}.

七位"相似亲和数组"可用三位和四位"相似亲和数组"生成:

{459 2493, 495 2439, 954 4932}, {459 2439, 495 2493, 954 4932}.

请注意:组中的两个较小数可以变换位置,但大数必须和大数组合.这样,我们还可以给出:

{2493 459, 2439 495, 4932 954}, {2439 459, 2493 495, 4932 954}.

至于八位的"相似亲和数组"生成的办法就更多了:它既可以用四位的"相似亲和数组"双写而成,也可以用三位的"相似亲和数组"与五位的"相似亲和数组"叠加.比如:

{2493 2493, 2439 2439, 4932 4932}, {459 12492, 495 12429, 954 24921},

{495 12492, 459 12429, 954 24921}.

第一对亲和数(220,284)也是最小的一对,是毕达哥拉斯于两千多年前发现的.

第二对亲和数(17296,18416)是 1636 年由法国数学家费马找到的.

第三对亲和数(9363584,9437056)于 1638 年被法国数学家笛卡儿发现.

1750 年,数学大师欧拉给出了 59 对亲和数.

迄今为止,人们已经找出了如 1184 和 1210,2620 和 2924,5050 和 5564 等大约 1200 对亲和数.

到 1974 年为止,人们所知的一对最大的亲和数是:

$$3^4 \times 5 \times 11 \times 5281^{19} \times \begin{cases} 29 \times 89 \times (2 \times 1291 \times 5281^{19} - 1), \\ (2^3 \times 3^3 \times 5^2 \times 1291 \times 5281^{19} - 1). \end{cases}$$

1987 年,黎利找到了 33 位的一对亲和数:

$$5 \times 7^2 \times 11^2 \times 13 \times 17 \times 19^2 \times 23 \times 37 \times 181 \times \begin{cases} 101 \times 8643 \times 1947938229, \\ 365147 \times 47303071129. \end{cases}$$

怀斯(H. Wiethars)于 1993 年找到有 1041 位数字的亲和数对,它们形如

$$2^9 p^{20} q_1 rstu \text{ 和 } 2^9 p^{20} q_2 v.$$

　　再来看算术素数列问题. 我们知道：a, $a+d$, $a+2d$, $a+3d$, …… 称为等差数列，又称算术数列. a 称首项，d 为公差. 全部由素数组成的算术数列，称为"算术素数列".

　　到 1995 年为止，人们发现的最长（指项数最多）的算术素数列为：

　　首项 a=11410337850553，公差 d=4609098694200，共 22 项.

　　华裔数学家陶哲轩证明了"存在任意长（项数）的等差素数列"，可谓在此问题研究中取得了重大突破.

　　两个数字偶（数字对）的相关性竟引出数论中的一个丰富的数系，这确实令人惊叹不已，这也是这些数字自身的神秘之美的驱使所然. 其实，在数学史上，类似亲和数对这样的趣谈不胜枚举.

（1）其他形式的素数

　　若用 I_n($n \geq 2$) 表示 n 个 1 组成的 n 位数 111…1，请问其中有无素数？若有，其中最大的是多少？

　　对前一个问题回答是肯定的，例如 11 就是一个素数.

· · · ★ ★ ★ · ·

小贴士 ★

　　（1）2008 年 11 月 26 日，美国《探索》杂志评选出美国 20 位 40 岁以下最聪明科学家，有两名华裔科学家入选. 其中，数学家陶哲轩位居榜首，电子工程与生物工程师杨长辉排在第 10 位.

　　（2）2006 年 8 月 22 日，在西班牙马德里举行的第 25 届国际数学家大会上，31 岁的陶哲轩教授与另两位来自俄罗斯和法国的数学家均获得菲尔兹奖.

　　（3）大会授予陶哲轩这个大奖，是为了表彰他对偏微分方程、组合数学、谐函数分析和堆垒数论等方面的贡献. 陶哲轩是荣获菲尔兹奖的第一位澳大利亚籍人，也是继 1982 年美籍华裔数学家丘成桐教授获菲尔兹奖后全球第二位获此殊荣的华人.

　　（4）俄罗斯企业家尤里·米尔纳和"脸书"网站创始人马克·扎克伯格共同创立"科学突破奖"，2014 年首届"数学突破奖"由陶哲轩与另外四位科学家荣获.

▲ 陶哲轩 2006 年荣获菲尔兹（Fields）奖.

后一个问题实际上是说：形如 I_n 的素数是有限个还是无穷个，这是人们正在探索的一个课题.

有人对 I_1~I_{358} 的所有数进行核验发现，除了 I_2，I_{19}，I_{23}，I_{317} 外都是合数.

直至 20 世纪 80 年代初，人们已知的形如 I_n 的最大素数是 I_{317}，这是美国的威廉姆斯（H. C. Williams）发现的，它是在素数 I_{23} 发现之后 50 年才找到的，这一发现当年曾引起轰动.

此后有人曾预测，在 $I_1 \sim I_{1000}$ 中，除了上述诸素数外，不会有别的形如 I_n 的素数了. 下一个可能的素数是 I_{1031}，这个结论已于 1986 年由杜布纳（H. Dubner）证得.

杜布纳于 1992 年验证了 $n<20000$ 的全 1 数中已无其他素数.

尔后，杨（J. Young）等人曾将 n 推进到 $n<60000$ 的情形.

此外，杜布纳 1999 年发现 I_{49081} 可能是素数（仅是猜测）.

2000 年 10 月巴赫特（L. Baxter）猜测 I_{86453} 可能是素数.

至今，这些均未获证.

（2）孪生素数

我们知道数对 3，5；5，7；11，13；…都是素数，且它们彼此相差 2，这样的一对素数称为"孪生素数". 至 2002 年年末，人们发现的最大孪生素数为 $33218925 \times 2^{169690} \pm 1$（它有 51090 位）.

2016 年人们又找到（发现）一对迄今最大的孪生素数，它有 388342 位.

1912 年德国数学家兰道（E. G. H. Landau）猜测：

存在无穷多对素数，它们的差为 2（孪生素数对猜想）.

兰道的猜测至今仍未能彻底得证（2013 年 5 月，任教于美国新罕布什尔大学的旅美学者张益唐对此猜想的证明取得了突破，他证明了存在无穷多对其差小于 7000 万的素数对，而后陶哲轩等人不断将其差改写为 6000 万，4200 万，…，25 万，乃至 246）.

类似地，还有三生素数、多生素数问题.

小贴士 ★

小于 x 的素数个数人们用 $\pi(x)$ 表示，结果有：

1850 年切比雪夫给出

$$\frac{1}{3} < \frac{\pi(x)\ln x}{x} < \frac{10}{3},$$

$$x > 4 \times 10^5.$$

1859 年黎曼证明 $\pi(x)$ $\sim \frac{x}{\ln x}$ $(x \to \infty)$ 但不完整.

1896 年阿达玛完整地证明了上式.

3．数的文化

数学中有许多新奇、巧妙而又神秘的东西吸引着人们，这是数学的趣味和魅力所在，数学家外尔曾说过：数学的神奇与魅力"像甜蜜的笛声诱惑了如此众多的'老鼠'，跳进了数学的深河"．

数学的诸类问题中，最显见、最简单、最令人感到神秘的莫过于对数的性质问题的研究了．

人类社会中，数是一种最独特但又最富于神秘性的语言．生产的计量、进步的评估、历史的编年、科学的构建、自然界分类、人类的繁衍、生活的规划、学校的教育等，无不与数有关．

远在古代人们就已对"数"产生了某种神秘感，在古希腊毕达哥拉斯学派眼中，"数"包含着异常神奇的内容．有些民族根据数的算术属性，对自然界和人类社会的现象给出神秘的解释，尽管其中不无荒诞或牵强，但这些事实反过来告诉我们：自古以来人们对"数"就有着特殊的敬畏感情，除了将之用于计量外，人们还赋予它许多文化内涵．

3.1 数的寓意

数字与人们的生活有着密切的联系．然而你或许不曾注意到，有些数字似乎与人们的"交往"更为密切，更加深邃，以致生活处处不可思议地显示着与它们的神秘巧合．数本身也许并不蕴涵什么哲理，但人们还是设法赋予它们灵魂，从而让它们鲜活起来．在古希腊毕达哥拉斯认为：

1代表理性，是万数之源，而不仅是一个数；2代表见解；3代表力量；4代表正义或公平；5代表婚姻，因为5是由第一个阳性数3和第一个阴性数2结合而成的．此外，5的特性蕴涵了颜色的秘密；6中存在着冷热的原因；7中包含了健康的奥秘；8中隐藏了爱的真谛，因为8是3（力量）和5

（婚姻）结合而成.

在我国古代人们对于数的认识也带有某些神秘的色彩,老子的《道德经》中的"道生一,一生二,二生三,三生万物",既蕴涵着对八卦、易图等的诠释,又是对数乃至整个世界（宇宙）生成的看法.

又如《说文》中对数的解释,如:

一,惟初太始,道立于一,造分天地,化成万物;

二,地之数也;

三,天、地、人之道也;

四,阴数也;

五,五行也;

六,《易》之数也.

艺术家常常借助于"数学"喻义创作许多耐人寻味的画作.

▲数学的幽默和借喻.

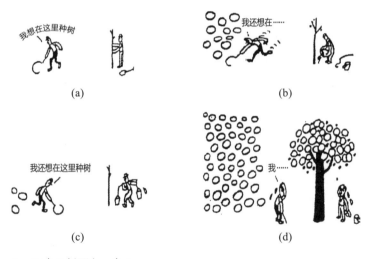

(a)　　　　　(b)

(c)　　　　　(d)

▲一万个 0 抵不上一个 1.

由于人所处的地理环境、社会环境的不同,便会有风俗习惯的差异.人们对事物认识也会有差异,比如会赋予数字不同的文化内涵,这样也逐渐形成对某些数字的喜爱和崇拜,而对另一些数字则产生厌烦和惧怕,所以数字蕴涵着不同的社会文化内涵.

数字 1:万物的开端,世界的本原,由它派生了整个世界.

数字 2:宇宙分界的标识（天地、日月、阴阳、男女……）,2

是双数，又意味着爱情（中国人常把数字人性化，如婚期总择双日）等.

而其他数字中的文化寓意则有如下叙述：

数字 3：物有"三态"（气、液、固），天有"三光"（日、月、星），人有"三宝"（精、气、神），现实空间有"三维". 我国传统宗教有"三教"（儒、道、佛），基督教中有"三位"（圣父、圣子、圣灵）一体，军队有"三军"（海、陆、空），三个月为一季. 成语中有"三"的则更多了.

韩国人喜欢数字三，有学者试图从神话传说中找出答案. 韩国历史上最早的《檀君神话》中，天帝桓因的庶子桓雄率领三千部下下凡，之前天帝送给他三个天符印. 桓雄建立国家后和熊女生下了朝鲜民族的始祖檀君，檀君正好是天帝的第三代，他们三位被奉为"三圣"，后来这又被发展为"天、地、人"三才的"三神信仰". 韩国文字的创制原理就是有天、地、人三部分，分为初声、中声、终声三音节.

另一种说法则是因为阴阳五行的关系. 一是最初的阳数，二是最初的阴数，三则是阴阳的调和的数字. 正如"道生一，一生二，二生三，三生万物"中的"三"蕴含着宇宙万物的奥秘，意味着圆满. 阴阳五行认为单数为阳，双数为阴，阳带来吉祥和好运.

数字 4：天有四季（春、夏、秋、冬），面有"四方"（东、南、西、北）. 经书上称地、火、水、风为"四大"，周易中有"四象". 人的双手双脚叫"四体". 地球上有四大洋. 口语中有"五湖四海""四平八稳"等.

数字 5：约数之首（四舍五入）. 学说中有五行，粮食统称"五谷"，名山有"五岳"，一夜分"五更"，人体称为"五体"，中国古代音律分"五音"（宫、商、角、徵、羽）. 儒家经书有"五经"，颜色有"五彩"（青、黄、赤、白、黑），金属有"五金"（金、银、铜、铁、锡），此外还有"五味"（酸、甜、苦、辣、咸）、"五伦"（君臣、父子、兄弟、夫妇、朋友）等.

民谣说："端午节，天气热，五毒醒，不安宁"，故端午节不少习俗都与避"五毒"（蝎子、蜈蚣、蛇、壁虎、蟾蜍）有关.

小贴士 ★

在数列 $1, \sqrt{2}, \sqrt[3]{3}, \sqrt[4]{4}, \cdots$ 中 $\sqrt[3]{3}$ 最大.

小贴士 ★

用同种规格能够无缝隙地铺满整个平面的正多边形仅有三种：

小贴士 ★

平面或球面上的地图仅需四种颜色即可把不同区域区分开.

小贴士 ★

五岳

五岳指东岳泰山、西岳华山、南岳衡山、北岳恒山和中岳嵩山，它们系我国历史上的五大名山.

五经

儒家经书，指《易经》《书经》《诗经》《礼记》和《春秋》五种.

数字 6：第一个（最小的）完全数（6=1+2+3）. 人有"六腑"（胃、胆、三焦、膀胱、大肠、小肠）、牲有"六畜"（猪、牛、羊、马、鸡、狗），文言中有"六合"（上、下、东、南、西、北，泛指天下或宇宙），历史上有"六朝"［先后建都于建康（今南京）的吴、东晋、宋、齐、梁、陈，有时也指南北朝］，干支中有"六甲"（有时妇女怀孕亦称身怀"六甲"），人的亲戚中有"六亲"（父、母、兄、弟、妻、子），道教中有"六神"（心、肺、肝、肾、脾、胆），古人分析汉字归纳出的"六书"（指事、象形、形声、会意、转注、假借）. 六也是《圣经》中上帝创世的日期.

小贴士 ★

　　任何 6 个人中必可找到 3 个人，他们要么彼此相识，要么彼此都不相识.

1967 年，美国心理学家米尔格兰在《今日心理学》杂志上公布他的一项研究结果：世界上任何两个陌生人之间其实只隔了六个人. 换言之，平均只要通过六个人，我们便可与世上的任何一个人联系. 这就是人际关系中的"六层间隔论". 芸芸众生之间，有着千丝万缕的联系，这也是所谓"人肉搜索"能进行的重要基础.

数字 7：在数学中是个素数. 一周有"七天"（据说是古代巴比伦人留下的计日制）. 我国有"七曜日"（日、月、金、木、水、火、土）. 日光可分解成"七色"（红、橙、黄、绿、青、蓝、紫）. 音乐中有"七个音符". 七言古诗有"七绝""七律". 人脸有"七窍"（耳、鼻、口、眼），人身也有"七窍". 人的情感有"七情"（六欲）. 地球的陆地分为七个洲（也有五大洲之说）. 牛郎织女相会在"七夕"（农历七月七日晚）……

有趣的是："七"在伊朗是一个重要的数字，伊朗人过年要摆上"七种"物品的拼盘以迎新春，女儿出嫁要穿"七色"染成的新装以贺新喜.

西方人受宗教影响，认为七是幸运数字，因为《圣经》说上帝七天创造了世界，基督教传说中有七个守护神.

其实对数字七的喜爱古已有之，北斗七星也被古人视为吉祥的象征.

古希腊的医学之父希波克拉底认为：数字 7 通过它内涵的美使世间的一切保持完美. 它支配着生命和运动.

　　数字 8：谐音为"发"，颇受南方人青睐．易经中有"八卦"，地方"八方"，结拜兄弟要"八拜"，空间分为"八个卦限"；连封建社会科举也要做"八股"．传说中有"八仙"．扬州书画家有"八怪"，佛经中有"八戒"．周代礼仪中有"八佾"（一佾 8 人）之舞．

　　数字 9：谐音为"久"，是数字 0，1 ～ 9 的终端，是一切事物的顶点．《素问·三部九侯论》说："天地之至数，始于一，终于九."9 是极阳数（古人将奇数称为阳数，偶数称为阴数），含有"至高无上，吉祥如意"之意．天有"九重"（天之巅为"九霄"），地分"九层"（地之冥曰"九地"），水有"九渊"，江河统称"九派"，万国四方称"九州"（神州），人分"九等"（三、六、九等），官设"九品"，棋手高下分"九段"，儒、道、阴阳、法、名、墨、纵横、杂、农等家称为"九流"（三教九流），萦绕迂回称"九曲"，百炼丹砂称"九转"，龙有"九龙"，寒、暑有伏（三伏）、"九"（三九）．

　　9 实为国人先辈们宠爱的数字．皇家建筑更是与 9 结下不解之缘，其建筑物数及台阶数，甚至石块数、殿堂立柱数皆为 9 或 9 的倍数．

　　农历九月九日称为重阳节．

　　数字 10：完满、永久．人的一双手有十个指头，这就构成了十进制基础．农历十月、十一月（冬月）、十二月（腊月）称为"十冬腊月"．生活中有"十全十美""十万火急""十恶不赦"等口语．

　　数字 12：一年有十二个月，一日有十二个时辰（子、丑、寅、卯、辰、巳、午、未、申、酉、戌、亥）．人有十二属相．我国古代城有"十二座城门"、古代音律为十二律（六律六吕）……

　　祖国医学认为：人体有 12 经脉（它们与 12 脏器相对应），以其沟通人体脏腑、表里、上下的联系．

　　商品交易中包装、计量时称 12 件物品为 1 打，英钞中 12 先令为 1 镑……

数字13：古希腊数学家认为 13 是不完整的数字. 在西方一些国家也认为 13 是不吉利数字, 据说耶稣和他的 12 个门徒共进晚餐后因被叛徒犹大的出卖而被捕, 从此 13 便成了不吉祥的数. 西方一些国家门牌没有 13 号, 旅馆无 13 号房间.

在我国对 13 不存偏见, 反而时见偏爱, 如佛塔必为 13 层, 帝王养子常凑成"十三太保". 《易经》《书经》《诗经》《周礼》《仪礼》《礼记》《春秋左传》《春秋公羊传》《春秋谷梁传》《论语》《孝经》《尔雅》《孟子》这十三种儒家经传称"十三经". 武林中有"十三妹". 戏剧曲艺中押韵的大美称"十三道辙".

数字17：数学计算表明: 齿轮设计齿数不能少于 17, 这涉及几何学与物理学内容.

数字18：9 的倍数（翻番）. 宗教中有十八位罗汉, 传说中有十八层地狱, 生活中有十八般武艺, 十八道盘山路（弯）, 戏剧中有十八里相送等.

数字36：18 的两倍即 36. 兵书上有 36 计, 《水浒传》里 108 将中有 36 天罡 72（它是 36 的倍数）地煞.

$12 \times 3 = 36$, 兵法中有"三十六计", 《水浒传》里有"三十六天罡", 秦代天下分"三十六郡", 汉朝皇帝后宫分"三十六宫", 避暑山庄有"三十六景", 做买卖行当有"三十六行"（亦有三百六十行之说）.

$36 \times 2 = 72$, 《西游记》中孙悟空有"72 变". 《水浒传》里有"七十二地煞". 道家认为名山胜地分"72 福地", 36 小洞天, 10 大洞天.

$36 \times 3 = 108$, 《水浒传》中有 108 将, 泰山有 108 磴, 沈阳福陵有 108 阶, 宁夏有 108 座塔群……

数字60：古代巴比伦人使用的是六十进制. 时间上 1 小时为 60 分钟, 1 分钟为 60 秒; 角的度量中, $1° = 60′$, 且 $1′ = 60″$.

前文已述, 我国古代计年利用天干（甲、乙、丙、丁、戊、己、庚、辛、壬、癸）, 地支（子、丑、寅、卯、辰、巳、午、未、申、酉、戌、亥）交错配对（共组合成 60 对）, 俗有"六十花甲"之说.

古希腊学者们还崇拜某些有着奇妙特性的数, 如完全数、亲和（相亲）数……因为他们认为这些数中蕴涵着"神奇、奥妙"，这些也正是人们研究它、探索它的动力之一．

应该说明一点：一切科学的起源都可以追溯于人们对神秘不懈的思索：星相学先于天文学、化学产生于炼丹术、数论的前身是一种神数术（古人借数理机制推断人事吉凶、解说自然等，至今人们或许还可发现它在某些事情中的影响）．

★ ☆ ★ ★ ☆
小贴士 ★

天干地支（六十干支表）

甲子	乙丑	丙寅	丁卯	戊辰	己巳	庚午	辛未	壬申	癸酉
甲戌	乙亥	丙子	丁丑	戊寅	己卯	庚辰	辛巳	壬午	癸未
甲申	乙酉	丙戌	丁亥	戊子	己丑	庚寅	辛卯	壬辰	癸巳
甲午	乙未	丙申	丁酉	戊戌	己亥	庚子	辛丑	壬寅	癸卯
甲辰	乙巳	丙午	丁未	戊申	己酉	庚戌	辛亥	壬子	癸丑
甲寅	乙卯	丙辰	丁巳	戊午	己未	庚申	辛酉	壬戌	癸亥

6，7，40是希伯来人的预兆数字，基督教的神学把7继承下来，巴比伦人偏爱60（60因有2，3，4，5，6，10，12，15，20，30，60等诸多约数而便于除法运算）和它的倍数．

毕达哥拉斯学派的学者们认为：

偶数是可分解的，从而是容易消失的、属于地上的、阴性的（在我们古代也称之为"阴教"，比如在"河图""洛书"中均如此）；

奇数是不可分解的（当然不是指因数分解），从而是属于天上的、阳性的（在我国古代称之为"阳数"）．

在我国也常以奇数象征白、昼、热、日、火，偶数象征黑、夜、冷、地、水的说法．

此外，如前所讲，他们还认为：每一个数都与人的某种气质相合（数字人性化，这在中国古代有"天人合一"之说，他们则将"数"与"人"对应）．

当然，毕达哥拉斯学派的学者对于数字的崇拜已达到"神话"的程度，他们崇拜"4"，因为它代表四种元素：火、水、气、土；他们把"10"看成"圣数"，因为 10 是由前四个自然数 1，2，3，4 结合而成.

3.2　数的巧用

用数学作诗赋对，堪称国人的一大专长. 其不仅巧妙，而且意味绵长.

中国古诗中关于数字的妙句也不少，比如宋代邵雍的五言绝句："一去二三里，烟村四五家，亭台六七座，八九十枝花". 清代郑板桥《咏雪》诗中写道："一片两片三四片，五六七八九十片. 千片万片无数片，飞入梅花总不见."

在人们的传说中，与数有关的故事层出不穷，下面一则"数字情书"的典故可谓其中的代表，它也一直被人传为佳话.

汉代蜀中司马相如，赴考长安，官拜中郎将，暗萌休妻之念，负约五年不寄书信回家，而多情的妻子卓文君则朝盼夜思，恋情戚戚. 一日她正思念垂泪，忽京官送来一信，并说："大人立等回书." 文君惊喜万分，展信一观，只见信上写着"一二三四五六七八九十百千万"十三个数字. 文君暗想：句中无"亿"，即"无意"于我了. 顿时悲愤交加，悟知丈夫变了心，特意变着法子刁难她，愤怒才女文君立即用上述数字写了一封句句嵌上数字的情书（且按一、二、三……百、千、万顺序与倒序两种方式）：

一别之后，二地悬念，只说是三四月，又谁知五六年，七弦琴无心弹，八行书无可传，九连环从中挫断，十里长亭望眼欲穿，百相思，千系念，万般无奈把郎怨. 万语千言说不完，百无聊赖十倚栏，重九登高望孤雁，八月中秋月圆人不圆，七月半烧香秉烛问苍天，六伏天人人摇扇我心寒，五月石榴似火，偏遇阵阵冷雨浇花端，四月枇杷未黄，我欲对镜心意乱，急匆匆，三月桃花随水转，飘零零，二月风筝线儿断. 噫！郎呀郎，巴不得下一世你为女来我为男！

司马相如接到书信，感妻情真意切，为之九曲回肠所动，自觉十分羞报,遂回心转意,亲自返乡,将卓文君高车驷马接到住所,夫妇互敬互爱,百年偕老.

这封绝妙的情书,不仅使丈夫看到了妻子纯贞的爱情,也更惊叹夫人出众的才华. 因为书信巧妙地用一至万和万至一的数字,给人以生动、新颖、独特的美的感受.

对联中的数字并不鲜见,妙用者也有不少,比如称赞教师的一副对联:

一支粉笔两袖清风,三尺讲台四季晴雨,加上五脏六腑七嘴八舌九思十想,教必有方,滴滴汗水诚滋桃李满天下;

十卷诗赋九章勾股,八索文思七纬地理,连同六艺五经四书三字两雅一心,诲人不倦,点点心血勤育英才泽神州.

对联不仅对仗工整,语句自然流畅,联中数一、二、三……十的巧妙引用(一正序一倒序),再一次展现了数字的魅力.

再来看一个与数字及其运算有关的对联故事.

相传乾隆五十岁生日那天,邀天下七旬以上老人同庆. 据称来者有三千之众,故曰:"千叟宴". 其间一位老者已141岁,乾隆闻知为此出一上联"花甲重逢又增三七岁月",纪晓岚马上给出下联"古稀双庆更多一度春秋".

对联中都蕴涵141岁隐意,花甲隐60岁,重逢即为120岁,加上三七岁月(3×7=21)计141岁. 古稀代表70岁(杜甫有诗句"人生七十古来稀"),双庆后多一春秋,亦为141岁.

此对联借用数字及运算,使之妙趣横生,读来回味绵长.

数学颇具魅力,令众多大科学家、文学家、艺术家们大为感慨. 难怪伽利略说:"数学是上帝用来书写宇宙的文字."

小贴士 ★

华罗庚《述怀》

1984年8月25日,已74岁高龄的华罗庚,写了一首以数字入诗的《述怀》别有情趣:

人能活一百年,36524日而已.

如今已过四分之三,怎能胡乱轻抛,何况还对病无能为计.

若细算,有效工作日,在2000天以内矣!

搬弄是非者是催命鬼,谈空话者非真知已.

少说闲话,休生闲气. 争地位,患得失,更无道理.

学术权威似浮云,百万富翁若敝屣.

为人民服务,鞠躬尽瘁而已.

3.3　数的美妙

下面的算式有着故事一样的神奇、诗歌一样的韵味,绘画一样的美妙:

1+2=3(这是自然数中唯一的三个相继数列成的和式);

$3^2+4^2=5^2$(《周髀算经》中"勾三股四弦五");

$3^3+4^3+5^3=6^3$(欧拉的发现);

$30^4+120^4+272^4+315^4=353^4$〔迪克森(Dickson)给出〕;

小贴士 ★

数字游戏

　　在数字 3，7，5 中间添适当运算符号使其结果为 1～10（数字顺序不得变动）．

$3-7+5=1$，

$(3+7)\div 5=2$，

$-\sqrt{-3+7}+5=3$，

$3!-(7-5)=4$，

$3+7-5=5$，

$3\times(7-5)=6$，

$\sqrt{-3+7}+5=7$，

$3!+7-5=8$，

$-3+7+5=9$，

$\sqrt{-3+7}\times 5=10$．

$27^5+84^5+110^5+133^5=144^5$（1970 年吴子乾、塞夫林格给出）；

$76^6+234^6+402^6+474^6+702^6+894^6+1077^6=1141^6$〔1966 年塞尔特瑞吉 (Seltrdge) 给出〕；

$12^7+35^7+53^7+58^7+64^7+83^7+85^7+90^7=102^7$〔1966 年塞尔特瑞吉给出〕．

　　再如下面的友好数对：

$6205=38^2+69^2$，$3869=62^2+05^2$；

$5965=77^2+06^2$，$7706=59^2+65^2$．

　　这种运算或形式上很奇特的算式，常常在令人感叹之际，有时会觉得式子很美（这当然需要我们感受与品味）．

$81=(8+1)^2$；$2^5\cdot 9^2=2592$；

$135=1^1+3^2+5^3$；$2427=2^1+4^2+2^3+7^4$；

$438579088=4^4+3^3+8^8+5^5+7^7+9^9+0^0+8^8+8^8$（这里规定 $0^0=1$）；

$387420489=3^{87+420-489}$；$9^4-8^4-7^4=3^4-2^4-1^4$；

$(36363636364)^2=\underline{13223140496}\ \underline{13223140496}$（双写数）；

$145=1!+4!+5!$；

$40585=4!+0!+5!+8!+5!$；

$\sqrt{1^3+2^3+3^3}=\sqrt{36}=6=1+2+3$；

$153=1^3+5^3+3^3$（370，371，407 三数也有此性质，它们被称为"水仙花数"）；

$1634=1^4+6^4+3^4+4^4$（8208，9474 亦然）；

$54748=5^5+4^5+7^5+4^5+8^5$（4150，4151，92727，93084，194979 也有此性质）；

$548834=5^6+4^6+8^6+8^6+3^6+4^6$；…．

　　这些奇异算式产生的形式上的数字（算式）美必然会吸引不少人去研究，去发现，去探索．

　　（1）数中的金蝉脱壳

　　再来看下面两组耐人寻味的数：

$\{123789,561945,642864\}$，

{242868, 323787, 761943}.

首先，它们的和相等（请您动手算算看）：

123789+561945+642864

=242868+323787+761943.

有意思的是它们的平方和也相等：

$123789^2+561945^2+642864^2$

$=242868^2+323787^2+761943^2.$

奥妙不止于此，两组数中每个数的首位抹去后组成的新数也有上述性质：

23789+61945+42864

=42868+23787+61943,

$23789^2+61945^2+42864^2$

$=42868^2+23787^2+61943^2.$

这个过程（抹去最高位上数字）可继续下去：

3789+1945+2864=2868+3787+1943,

$3789^2+1945^2+2864^2=2868^2+3787^2+1943^2;$

789+945+864=868+787+943,

$789^2+945^2+864^2=868^2+787^2+943^2;$

89+45+64=68+87+43,

$89^2+45^2+64^2=68^2+87^2+43^2;$

9+5+4=8+7+3,

$9^2+5^2+4^2=8^2+7^2+3^2.$

更为有趣的是：若上面两组数分别从最末位数开始依次抹去，上述性质（和相等，平方和也相等）依然保存.

这种让人感到不可思议的数及其运算，数学中并不罕见——它们显然在吸引人们的眼球. 寻找它们，发现它们，必然是不少人的追求和向往.

（2）莫尔当数组

和、积一样的数组也很稀奇，因为它们不易寻找．请注意下面四组数（每组皆为三个数）：

（14，50，54），（15，40，63），

（18，30，70），（21，25，72），

其中每组数的和均为 118，每组数的乘积都为 37800（或许与数、积幻方有关联）．

对于和为 118 的三个数，有上述性质者仅此四组．

求解这种数组问题称为莫尔当（Mauldon）问题．

下面四组数（注意组数是 4）每组和为 137，积皆为 25200：

（6，56，75），（7，40，90），

（9，28，100），（12，20，105）．

有无组数是 5 的莫尔当数组？

截至目前，人们仅找到一组，它们每组诸数和皆为 981，而积均为 1425600：

（6，480，495），（11，160，810），

（12，144，825），（20，81，880），

（33，48，900）．

3.4　数的奥秘

数自身、数与数之间都存在着许多耐人寻味的故事，数与数之间的神奇联系，这一切都像磁石一样吸引着人们去探究．

圆的周长和直径的比称为圆周率，圆周率 π 是一个无限不循环小数（用符号 π 表示圆周率值系欧拉所为），因而无法求得它的精确值．即便是近似值，计算它远非易事．

在单位圆（半径为 1 的圆）内，用其内接正三角形、四边形、五边形……周长近似圆周长与圆直径比可得 π 的近似值：

 ……

随着该圆内接正多边形边数不断增加，所得比值越来越接近π值. 此方法称为割圆法，此外还可用圆外切正多边形周长来实现.

其实，只要是该圆内接多边形都可以，但对于一般多边形周长无法规律（无法迭代）.

除了"割圆法"、无穷级数计算外，还可用实验方法求得π值.

小贴士 ★

国际数学日

2019 年联合国教科文组织第四十届大会宣布每年 3 月 14 日为"国际数学日"，又称"π 日".

（1）布丰的投针法

18 世纪末法国数学家布丰（G. L. L. de Buffon）对概率论在博弈游戏中的应用十分感兴趣. 他对古典概率的研究，颇有心得. 他于 1777 年提出（他是在 1773 年发现的）随机投针的概率与π之间的关系（文章以"或然性的算术尝试"为题发表）.

取一根粗细均匀的长为 l 的针，再在一张大纸上画一组宽为 $2l$ 的平行线，然后随机地将针抛在纸上如下图所示.

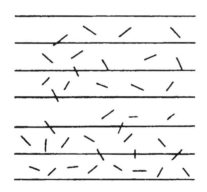

针落下后要么与这些平行线之一相交，要么与这些平行线都不相交，记下你投针的总次数 m 和针与平行线之一相交的总次数 n，则有

$$\pi = \frac{m}{n}$$

（结论可用概率知识严格证明）.

投针法后来发展成为一种独具风格的数值计算方法——Monte Carlo 法，它既能求解确定型问题，又能求解随机型问题. 随着电子计算机的进步，该方法在计算数学中的地位越来越重要.

▲ 位于德国布伦瑞克的高斯像. 布伦瑞克是高斯的故乡.

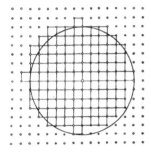

▲ 高斯格点法.

（2）高斯的格点法

为了近似计算 π 的值，高斯创造了格点法：半径为 r 的圆被旋置于一个 1×1 单位正边形的网格上，数出圆中所含的格点数 $f(r)$，这里圆心位于某格点处（见左图），r 为整数，比如（这里以格点右下角位于圆内算），即（见下表）：

格点法计算圆周率π时格点数的一些数值

r	10	20	30	100	200	300	⋯
$f(r)$	317	1257	2821	31417	125629	282697	⋯

高斯推得公式

$$\left|\frac{f(r)}{r^2}-\pi\right|<\frac{4\sqrt{2}\,\pi}{r},$$

由上式，有

$$\lim_{r\to\infty}\left|\frac{f(r)}{r^2}-\pi\right|=0,\ \text{即}\lim_{r\to\infty}\frac{f(r)}{r^2}=\pi.$$

由上表数据我们可有下面诸个 π 的近似值.

格点法计算圆周率 π 的一些结果*

r	10	20	30	100	200	300	⋯
$\frac{f(r)}{r^2}\approx\pi$	3.17	3.1425	3.134	3.1417	3.140725	3.14107	⋯

* 上表最后数已精确至 π 的小数点后 3 位.

（3）π 与 e

数 e 是由极限 $\lim\limits_{n\to\infty}\left(1+\dfrac{1}{n}\right)^n$ 定义的数，它是自然对数的底，也是一个无理数.

e 与 π 看上去似乎风马牛不相及，却有那么多令人不解的数字现象，请看它们展开式中的某些数位上的数：

位　数	1	2	3	4	5	⋯	13	⋯	17	18	⋯	21	⋯	34	⋯
π	3	1	4	1	5	⋯	9	⋯	2	3	⋯	6	⋯	2	⋯
e	2	7	1	8	2	⋯	9	⋯	2	3	⋯	6	⋯	2	⋯

请注意，在 e 和 π 的十进小数表达式中，平均每隔十位发现一次重合.

那么，由欧拉公式（等式）$e^{ix}=\cos x+i\sin x$，当 $x=\pi$ 时，有等式 $e^{i\pi}+1=0$（把 0，1，i，e，π 五个数巧妙地"糅"在一起）.

有人认为：这个奇妙的等式也把数学诸多分支学科连在了一起，这里 0，1 代表算术，i 代表代数，π 代表几何，e 代表微积分（分析学）．

英国的戴维·珀西教授最喜欢这个公式．他向英国广播公司表示："这是一个真正的经典，你做得不可能比这再好了．这个公式看上去一目了然，但却深奥得令人难以置信．它包括五个最重要的数学常数——0（加法恒等元）、1（乘法恒等元）、e 和 π（两个最常见的超越数）以及 i（基本虚数）．另外，公式还包含三种最基本的算术运算——加法、乘法和方幂．"

珀西表示："鉴于 e，π 与 i 都非常复杂且看似极不相关，它们能通过这个简洁的公式联系起来真的很惊人．一开始你可能没有意识到它所带来的影响力，这是一个渐进的影响．或许就像听一首乐曲那样，当你了解到乐曲的全部潜能后，突然间它变得非常了不起．"

他说，美是"灵感"的源泉，它让你有探索未知事物的热情．

顺便讲一句，1995 年 H.普劳夫（H. Plouffe）给出可计算 π 的第 n 位数字的公式（十六进制下）

$$\pi = \sum_{k=0}^{\infty} \left[\frac{1}{16k} \left(\frac{4}{8k+1} - \frac{2}{8k+4} - \frac{1}{8k+5} - \frac{1}{8k+6} \right) \right].$$

（4）π 的连分数表示及其他

苏联数学家辛钦（Хинчин）证明：

对几乎所有实数 R，皆存在整数 a_0，a_1，a_2，$\cdots$，使

$$R = a_0 + \cfrac{1}{a_1 + \cfrac{1}{a_2 + \cfrac{1}{a_3 + \ddots}}},$$

且 $\lim\limits_{n \to \infty} \left(\prod\limits_{i=1}^{n} a_i \right)^{\frac{1}{n}}$ 存在（记 k_0）且约为 2.6854520010$\cdots$．

1990 年人们用 IBM Rs6000/590 计算 2.5 小时得到 k_0 的前 7350 位数．

但 k_0 是无理数还是有理数尚不得知．

又比如：

小贴士 ★

π 的前 1000 亿位中各数字分布：

数字	出现次数
0	99999485134
1	99999945664
2	100000480057
3	100000787805
4	100000357857
5	100000671008
6	100000807503
7	100000818723
8	100000791469
9	100000854780

这些数字出现的频率

⑨>⑦>⑥>⑧>⑤>③>②>④>①>⓪，

这里，⑯ 表示数字 k 出现的次数（频率）．

如数中各数字出现的频率一样，则称其为正规数．π 是不是正规数至今不详．

小贴士 ★

e^{π} 与 π^e 谁大？分析学证得 $e^{\pi} > \pi^e$．

小贴士 ★

美国物理学家、1965 年诺贝尔物理学奖得主费曼（R. Feynman）发现很多看上去与圆无关的公式中也常会出现 π（还有 e），于是他叹道：

圆在哪里？

$$\sqrt{2} = 1 + \cfrac{1}{2 + \cfrac{1}{2 + \cfrac{1}{2 + \cdots}}},$$

$$\pi = 3 + \cfrac{1}{7 + \cfrac{1}{15 + \cfrac{1}{1 + \cfrac{1}{292 + \cfrac{1}{1 + \cdots}}}}}.$$

这些连分数可分别简记为 $[1; 2, 2, 2, \cdots]$ 和 $[3; 7, 15, 1, 292, 1, \cdots]$ 或 $1+2+2+2+\cdots$ 和 $3+7+15+1+292+1+\cdots$.

（5）π（包括 e）在一些公式中

π 是一个近乎神秘的数字,许多看上去风马牛不相及的算式中,常常会出现 π.

比如计算 $n!$ 的近似式（当 n 较大时, $n!$ 非常大,因而人们试图找到其近似式）

$$n! \approx \sqrt{2n\pi}\left(\frac{n}{e}\right)^n \left(1 + \frac{1}{12n}\right).$$

当然还有更为精确些的近似式. 再来看:

①在一个定圆内随机取四个点,它们能构成凸四边形的概率为 $1 - \dfrac{35}{12\pi^2}$;

②查瑞在研究素数时发现：任取两自然数 m, n,它们互素的概率为 $\dfrac{6}{\pi^2}$.

其实更一般的结论是：任意 s 个整数,它们互素的概率为

$$P_s = \frac{1}{\sigma(s)},$$

其中 $\sigma(s) = \displaystyle\sum_{n=1}^{\infty} \frac{1}{n^s}$.

自然数个数 s	它们互素的概率 P_s
2	$\dfrac{1}{\sigma(2)} = \dfrac{6}{\pi^2} \approx 0.6079$
3	$\dfrac{1}{\sigma(3)} \approx 0.8319$
4	$\dfrac{1}{\sigma(4)} \approx 0.9239$
…	…

当然 $\sum_{n=1}^{\infty}\dfrac{1}{n^s}$ 还有如下结果：

s	1	2	4	6	$\cdots$
$\sum_{n=1}^{\infty}\dfrac{1}{n^s}$	$\ln(n+1)+\gamma$	$\dfrac{(2\pi)^2}{24}$	$\dfrac{(2\pi)^4}{1440}$	$\dfrac{(2\pi)^6}{60480}$	$\cdots$

这里 γ 是欧拉常数 $0.5772\cdots$.

又 $\sigma(s)$ 还可表为（欧拉乘积公式）

$$\sigma(s)=\sum_{n=1}^{\infty}\frac{1}{n^s}=\prod_{p\text{遍历质数}}\left(1-\frac{1}{p^s}\right)^{-1}.$$

$\sigma(2)$ 还有另外表达式：

$$\frac{\pi^2}{6}=\sum_{i=1}^{\infty}\sum_{j=1}^{\infty}\frac{(i-1)!(j-1)!}{(i+j)!}.$$

这是法国一位数学爱好者克劳蒂尔（Cloitre）发现的.

③ 1800 年高斯发现：一个非负整数表成两整数平方和的方法（种类）数的期望值为 π.

……

此外还有不少物理学公式中也常出现 π.

★ ★ ★ ★ ★
小贴士 ★

$\sigma(s)=\sum_{n=1}^{\infty}\dfrac{1}{n^3}$
是无理数，它是 1978 年数学家阿培里（Appere）证明的. 2000 年祖德林证明 $\sigma(2k+1)$ 中有无穷多个无理数.

二、形，数的伴侣

不懂几何者不得入内.

　　　　　　　　　——柏拉图学院入口处刻有的铭文

几何是空间里的数.

　　　　　　　　　　　　　　　　——伦迪

数学风格以简洁和形式的完美作为其目标.

　　　　　　　　　　　　　　　——克莱因

▲ 埃及狮身人面像.

▲《几何原本》比利斯利的
英译本（1570 年版）封面.

1. 形的魅力

1.1 现实空间（世界）是欧几里得式的

　　古代埃及，每到雨季尼罗河泛滥，洪水退去后，岸边土地要重新丈量，这些丈量资料的积累，为几何学（严格地讲是欧几里得几何学）的诞生积攒下极为丰富的材料.

　　古希腊亚历山大帝国时期的第一大数学家欧几里得撰写了他的传世名作《几何原本》，这是数学中用公理方法建立起演绎体系的最早典范.

▲古巴比伦泥片上的几何图形及数字.

我国流传至今成书最早的数学著述之一《九章算术》中也有与土地丈量有关的几何计算问题，如方田、直田等面积计算。书中还对开方术、线性方程组解法等做了研究，此外负数的引入开创了人类认识负数的先河。

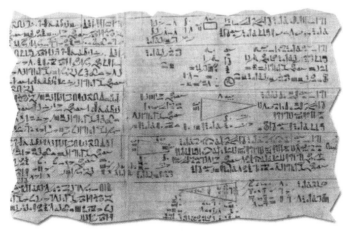

▲古埃及人如何确定金字塔中的直角？

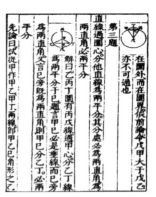

▲欧几里得《几何原本》早期中译本中的一页。

1.2　三角形是最稳定的图形

在欧几里得《几何原本》中除了直线、线段、角之外，直线形中研究最多的是三角形。也许是在当时的人们已意识到三角形是最稳定的图形。三角形的性质研究正是《几何原本》全书中最重要的内容和最精彩的部分。

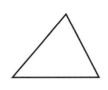

▲稳定的三角形

▲不稳定的四边形

我国最早出版的《几何原本》是 1607 年由意大利传教士利玛窦（Matteo Ricci）和明朝科学家徐光启翻译的。

其实，古代印度人也对三角形、四边形进行了研究。

小贴士 ★

《九章算术》采用问题集的形式成书，有的是一题一术、有的是一题多术或多题一术。

全书多是与农、商、工及生活实际有联系的应用题，分方田、粟米、衰分、少广、商功、均输、盈不足、方程及勾股等九章。

小贴士 ★

徐光启对《几何原本》的译述：

四不必：不必疑，不必揣，不必试，不必改。

四不可得：欲脱之不可得，欲驳之不可得，欲减之不可得，欲前后更置之不可得。

三至三能：似至晦实至明，故能以其明明他物之至晦；似至繁实至简，故能以其简简他物之至繁；似至难实至易，故能以其易易他物之至难。

易生于简，简生于明，综其妙，在明而已。

　　对于二项式 $(a+b)^n$ 展开式系数(组合数),国内、国外皆有人将它写成三角形状,这不仅看上去整齐且有规律,而且也方便人们记忆. 当然人们也会从中受益,从这三角形数字中人们发现了许多组合数的奇妙性质.

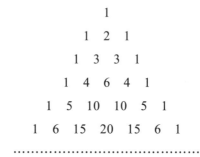

　　中外数学家们都绘制这种数字三角形,使其形象,易记忆.

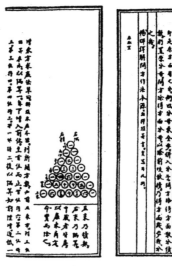

▲图中可见到杨辉三角形.

　　此外,还有一些其他数字三角形为人们关注和喜爱,因为有时用它们去发现某些运算规律及算法简化甚有益处.

　　三角形在某种意义上的延拓即产生"分形"概念的某些图形,如谢尔品斯基三角形:

…

▲谢尔品斯基三角形.

谢尔品斯基三角形的最初四个阶段．从一个等边三角形开始，把它分成如图所示的四个全等三角形，挖去中间的那一个．再对剩下的每个小三角形重复这一过程，直至无穷．结果得到的图形具有无穷大的周长和零面积！（这一点我们后文还将介绍）

又如人们用 0，1～9 这十个数字组成四个完全平方数（分别为 1，2，3，4 位），人们总喜欢将它们表示成三角形以示其规则和美感（前文已述，注意，仅此四组）：

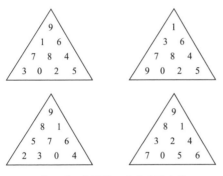

▲表示成三角形的四个完全平方数.

1.3 一生都会记得的几何定理

在对三角形的研究中，人们更为青睐某些特殊三角形，如等腰、等边、直角三角形．

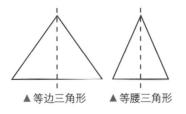

▲等边三角形　　▲等腰三角形

在直角三角形的研究中，一个重要的定理——勾股定理（亦为或毕达哥拉斯定理）尤为被人们关注与偏爱（它的广泛用途自不待言），这是一个在数学史上风光了两千多年的命题，也是令人终生难忘的几何定理．它揭示直角三角形三边之间的

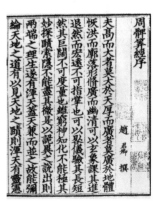

奇妙联系：

$$c^2=a^2+b^2.$$

平面几何中的勾股定理，不仅有许多巧妙的证法（据称超过 400 种），同时还有许多形式的推广.

据载，毕达哥拉斯学派当年曾因此定理被发现而举行了"百牛大祭"的隆重庆典.

我国古算书《周髀算经》中，对此定理也有巧妙证法的记载.

由于勾股定理的发现，人们又陆续展开了与之相关的命题研究，比如"勾股数组"，人们把满足 $a^2+b^2=c^2$ 的正整数组称为勾股数组或毕达哥拉斯数组，欧几里得给出了表示它们的通用公式：

$a=m^2-n^2$，$b=2mn$，$c=m^2+n^2$（这里 m，n 均为正整数）.

1.4　外星人也能看懂的图形

学过数学的人们很容易体会到：完善地证明了一个定理，就像是做了一件漂亮的工作，即感觉是美妙的. 由于简洁、准确，数学语言不仅能描述世间的万物，且为世界上所有文明社会所接受和理解，还将成为与宇宙间其他星球上可能存在的居民交流思想的工具.

外星人是否存在？1960 年随着"奥兹玛计划"的启动，人类开始了对地外生命的寻找，但至今未果.

这里顺便讲一句：天文学家相信有"外星人"存在. 理由如下：

一个星系由几千亿个恒星组成，目前人们已发现几千亿个像银河系的星系.

银河系有 2000 亿颗恒星，其中 1% 与太阳类似，它们当中又约有 1% 与地球类似的行星，而其十分之一能演化出与地球人类相似的生命.

由此推算，银河系中约有 50 万颗有智慧生命的星球.

主流天文学家认为：存在外星人.

1972 年美国发射了旨在茫茫太空中去寻觅地球外文明的"先驱者 10 号"探测器.

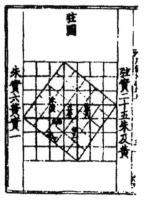

▲《周髀算经》中对勾股定理的图解.

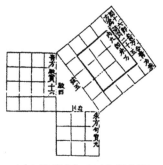

▲《九章算术》中对勾股定理的图解.

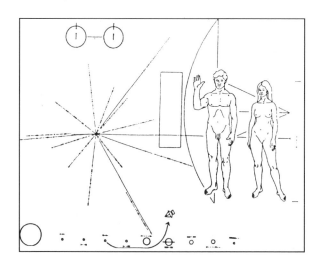

▲ "先驱者 10 号"携带的铭牌（铝制镀金材质，尺寸 13.5cm×7.5cm，寿命可达数十亿年）. 铭牌上画着站在作为比例尺的太空船里的男人和女人（右方）；太空船从地球飞过木星的路径；一个提供长度和时间单位的发生在氢原子中的自旋跃迁（左上）；左方图示为从太阳系测量得到的脉动中子星的方向和脉冲频率（用二进制）. 任何发现铭牌的高等生命都能据此推断我们存在于何时何地.

小贴士 ★

在三角学（三角函数）中，公式
$$\sin^2\alpha + \cos^2\alpha = 1$$
可视为三角学中的勾股定理.

在征集所携带的礼物时，我国数学家华罗庚曾建议带上数学中用以表示"勾股定理"的简单、明快的数形图（见右图），它似乎应为宇宙所有文明生物所理解.

另一个例子是：1974 年科学家向太空发送的一串电子信号，它由 1679 个 0 和 1 组成.

人们假设，任何与人类一样聪明的外星人都能认识到，1679 这个数字只能用一种方式因子分解，即 73 乘以 23.

进而人们想到先画出 23×73 的方格阵，然后将接收到的由 1679 个 0,1 组成的数串依次填入这些方格中，再将相应方格涂色（0 对应空白方格，1 对应黑方格）. 如此一来，排列成的方阵便能产生如右图所示的图像，从而他们不仅能从中悟到奇妙数学的产生以及由其带来的信息，也能从这些信息中了解到地球中人类生活的一些方方面面.

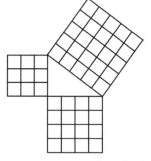

▲勾 3 股 4 弦 5，$5^2 = 3^2 + 4^2$.

▲ 由 1679 个 0，1 组成的信息的 23×73 方格阵.

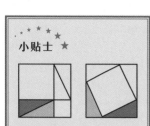
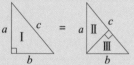
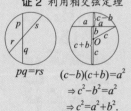

▲费马.

图形是直观生动的,人们可用它形象地表示某些现实,比如下图表示笔记本电脑中的电池状态:

▲笔记本电脑中的电池状态.

下图显示数字媒体中内容与广告占比:

1996 年　　　　　2004 年　　　　　2013 年

▲数字媒体中内容与广告占比(图中浅色代表"内容",深色代表"广告").

1.5　勾股数组的弦外之音

椭圆曲线是一类重要曲线(注意它的图像并非椭圆),十分抽象却很有用,比如其在解决费马大定理时功不可没.有趣的是:寻找某种椭圆曲线上的有理点(两坐标均为有理数的点)竟然与勾股数组(确切地讲还涉及海伦三角形)有着奇妙的联系.

边长为有理数、面积为 S 的直角三角形存在的充分必要条件为:椭圆曲线方程 $y^2 = x^3 - Sx$ 有 x,y($y \neq 0$)的有理解.

这里略证如下:今设 a,b,c 为直角三角形的三条边,其面积为 S,则取 $x = \frac{1}{2}a(a-c)$,$y = \frac{1}{2}a^2(c-a)$ 即为题设方程的有理解.

若 x,y 是满足 $y^2 = x^3 - S^2x$,且 $y \neq 0$ 的有理解,则

$$\left| \frac{x^2 - S^2}{y} \right|, \quad \left| \frac{2xS}{y} \right|, \quad \left| \frac{x^2 + S^2}{y} \right|$$

即为面积是 S,且三个数值为有理数的直角三角形的三条边长.

那么,什么是"费马大定理"?

17 世纪法国有位业余数学家费马(P. de Fermat),平时他有个习惯,总喜欢在他读过书的空白处写下自己的读书心得.1630 年前后,他在丢番图所著《算术》一书关于毕达哥拉斯数组一节的空白处写下:

"将一个立方数表为两个立方数和,一个四次幂表为两个四次幂和,或者,更一般地将一个高于二次的幂表为两个同次幂和,这是不可能的."

接着他又写下：

"我发现了这个结论的奇妙证明，可惜这儿地方太窄无法写下."

费马的这段话吸引了无数（热爱数学）的学子，其中不乏著名的数学大师.

费马的发现被后人称为"费马大定理"，也称"费马猜想"，用今日的数学语言可表为：

当整数 $n > 2$ 时，方程 $x^n + y^n = z^n$ 无非零正整数解（非平凡解）.

显然，$(x,y,z) = (0,0,0)$ 或 $(\pm 1, 0, \pm 1)$ 或 $(0, \pm 1, \pm 1)$；又当 n 为奇数时 $(x,y,z) = (\pm 1, \pm 1, 0)$ 等都是方程

$$x^n + y^n = z^n$$

的解，它们称为**平凡解**.

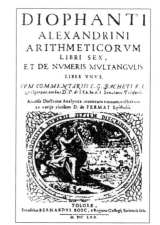

▲ 带有费马批注的丢番图所著《算术》的扉页（1670 年版）.

后人在探索费马"写不下"之谜时，有的无功而返，有的对此问题仅做了许多局部工作，比如：

1753 年欧拉对 $n=3$，4 时的情形，给出了定理的证明（一说 $n=4$ 的情形由费马本人给出）；

1825 年前后狄利克雷、勒让德（M. Legendre）对 $n=5$ 时的情形也分别给出了证明；

1839 年拉梅（G. Lame）给出了 $n=7$ 时的命题证明；

1848 年德国数学家库默（E. E. Kummer）对于更大的 n 的情形给出了证明，同时他开辟了新的研究费马猜想的方法——分圆域法.

利用库默的方法，人们借助于大型电子计算机已证得 $n<10^5$ 时费马猜想成立.

然而，对一般 n 的情形，人们尚未找到有效的突破. 为此，法国科学院曾于 1816 年和 1850 年两度悬赏（3000 法郎）以征求问题的解答；德国也于 1908 年设奖［10 万金马克，这笔基金是沃夫斯凯尔（Wolfskoel）于 1908 年遗赠的］，用以奖励定理的解答者. 遗憾的是，这些奖金长期以来一直未能有人获得.

1983 年一位年仅 29 岁的大学讲师法尔廷斯（G. Faltings）在猜想证明上有了突破，他证明了与费马猜想有关的"莫德尔猜想"（平面上任一亏格不小于 2 的有理曲线最多只有有限个有理点），由此他证明了：

方程 $x^n + y^n = z^n$，当 $n \geq 3$ 时至多只有有限多个有理解.

这个结论（尽管只证得有"有限多个"）在当时曾轰动了整个数学界，他本人也因此于 1986 年世界数学家大会（ICM）上获得数学最高奖——菲尔兹奖（Fields Medal）.

1993 年 6 月，数学家怀尔斯（A. Wiles）在剑桥大学做了三次学术报告，题目是"椭圆曲线，模形式和伽罗瓦表示". 这些报告的宗旨是向人们宣称：貌似简单却令许多人久攻不下的数学难题——"费马大定理"已被攻克（他使用的也是椭圆曲线工具）.

利用椭圆曲线（它是由求椭圆弧长的积分反演而来的，请注意：椭圆不是椭圆曲线. 椭圆曲线在适当的坐标系内是三次曲线）的理论去证明费马大定理的思想源于德国数学家弗雷（G. Fray），他曾于 1986 年提出：

从 n 是奇素数时的费马方程的互素解 (x, y, z) 可得到一条半稳定的椭圆曲线.

早在 20 世纪 50 年代，日本的谷山（Yutaka Taniyama）、志村（Goro Shimura）等人就提出"每条椭圆曲线都是模曲线"的猜想，人称谷山-志村猜想.

此后，马祖尔（S. Mazur）等人在模曲线上又做了许多工作，这一切为怀尔斯的证明铺垫了坚实的基础.

但是，同年 12 月怀尔斯发现了证明的纰漏〔在此之前科蒂斯（Curtiz）在一次演讲中也指出怀尔斯的证明有瑕疵〕.

一年以后，修补漏洞的工作已由怀尔斯和他的学生泰勒（Richord Taylor）共同完成，1994 年 10 月 25 日这一天，他们的论文预印本以电子邮件形式向世界各地散发.

1995 年 5 月《数学年刊》上刊出怀尔斯的"模椭圆曲线与费马大定理"和泰勒与怀尔斯共同撰写的"某些 Hecke 代数的环论性质"的论文，从而宣告困扰人们三个多世纪之久的费马

▲菲尔兹奖章（正面、反面）.

▲怀尔斯.

大定理彻底解决.

　　"勾股定理"的各种推广形式我们可从下表中看到, 这里的每种推广都会对于数学发展起到重要的作用.

勾股定理推广形式表

```
┌──────────────┐         ┌──────────────┐         ┌──────────────────────┐
│ 三角函数      │         │ 图形 I~II~III │         │ 平面曲线微分          │
│ sin²α+cos²α=1 │         │ S_III=S_I+S_II│         │ 曲线l:x=φ(t), y=ψ(t)  │
└──────────────┘         │ (S_a表示a的面积)│        │ (α≤t≤β), 则          │
                          └──────────────┘         │ dl²=dφ²+dψ²          │
                                                    └──────────────────────┘

┌──────────────────────┐  ┌──────────────┐         ┌──────────────────────┐
│ 勾股数                │  │ 勾股定理      │         │ 空间曲线微分          │
│ a=m²-n², b=2mn        │  │ c²=a²+b²      │         │ 曲线l:x=φ(t), y=ψ(t)  │
│ c=m²+n²(m,n为整数)     │  └──────────────┘         │ z=χ(t) (α≤t≤β), 则   │
│ 满足a²+b²=c²           │                            │ dl²=dφ²+dψ²+dχ²      │
└──────────────────────┘                            └──────────────────────┘

┌──────────────────────┐  ┌──────────────┐         ┌──────────────────────┐
│ 费马猜想              │  │ 长方体对角线  │         │ 欧氏空间两点间距离      │
│ xⁿ+yⁿ=zⁿ(整数 n>2)   │  │ d²=a²+b²+c²   │         │ 若 X=(x₁, x₂,…, xₙ)   │
│ 无非零的整数解x,y,z   │  └──────────────┘         │ 且 Y=(y₁, y₂,…, yₙ),  │
└──────────────────────┘                            │ 则 XY²=Σ(xᵢ-yᵢ)²      │
                                                    └──────────────────────┘
```

勾股数
$$a=m^2-n^2,\ b=2mn$$
$$c=m^2+n^2\ (m,n\text{为整数})$$
满足 $a^2+b^2=c^2$

费马猜想
$$x^n+y^n=z^n\ (\text{整数 } n>2)$$
无非零的整数解 x,y,z

长方体对角线
$$d^2=a^2+b^2+c^2$$

广义勾股数（一）
$$(mn)^2+(m^2+mn)^2+$$
$$(mn+n^2)^2=(m^2+mn+n^2)^2$$
$$m,n\in\mathbf{Z},\ \text{其中 }\mathbf{Z}\text{ 为整数集（域）}$$

广义勾股数（二）
$$m^3+(9mn^4-3mn)^3+$$
$$(9mn^3-m)^3=(6m^2-4mn$$
$$+4n^2)^3,\ m,n\in\mathbf{Z},\ \text{其中 }\mathbf{Z}\text{ 为整数集（域）}$$

平面曲线微分
曲线 $l: x=\varphi(t),\ y=\psi(t)$ $(\alpha\leqslant t\leqslant\beta)$, 则
$$dl^2=d\varphi^2+d\psi^2$$

空间曲线微分
曲线 $l: x=\varphi(t),\ y=\psi(t)$ $z=\chi(t)$ $(\alpha\leqslant t\leqslant\beta)$, 则
$$dl^2=d\varphi^2+d\psi^2+d\chi^2$$

欧氏空间两点间距离
若 $X=(x_1, x_2,\cdots, x_n)$ 且 $Y=(y_1, y_2,\cdots, y_n)$, 则 $\overline{XY}^2=\sum_{i=1}^{n}(x_i-y_i)^2$

向量内积
若 $\boldsymbol{a}=(x_1, x_2,\cdots, x_n)$ 且 $\boldsymbol{b}=(y_1, y_2,\cdots, y_n)$, 则
$$\boldsymbol{a}\cdot\boldsymbol{b}=\sum_{i=1}^{n}x_iy_i$$

欧氏空间
巴拿赫空间
奥里奇空间
希尔伯特空间
……

范数
(1) $\|x\|\geqslant 0$
(2) $\|\alpha x\|=|\alpha|\cdot\|x\|$
(3) $\|x+y\|\leqslant\|x\|+\|y\|$

1.6　由第五公设引发的研究

　　在以公理体系演绎为基础的《几何原本》的公理（设）中, 第五公设是这样叙述的:

　　过直线外一点至多可作一条直线与已知直线平行（平行公设）.

　　当人们试图用其他公设来证明这一公设时, 遇到了麻烦. 由于该公设可以得到"三角形内角和为180°"的结论, 对于这个结论的不同方式的否定（大于或小于）居然引发出另外两种几何（非欧几何）的诞生, 即罗巴切夫斯基（Lobachevsky）几何、黎曼（G. F. B. Riemann）几何, 其主要区别见下表:

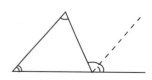

▲ 三角形内角和为180° 是借助平行公设证明的.

▲黎曼.

	欧几里得几何	罗巴切夫斯基几何	黎曼几何
平行公理	过直线外一点最多可作一条直线与已知直线平行	过直线外一点至少可作两条直线与已知直线不相交	任何两条直线有唯一交点
三角形内角和	等于180°	小于180°	大于180°
空间类型	平面	双曲型	椭圆型
勾股定理	$c^2=a^2+b^2$	$c^2>a^2+b^2$	$c^2<a^2+b^2$
半径为r的圆周长c	$c=2\pi r$	$c>2\pi r$	$c<2\pi r$

这三种常见的几何学可在高斯曲率的观点下统一成一种几何的三种不同表现形式.

这个事实也告诉人们：三种几何都仅具有相对的真理性，即它们只在一定范围内才可正确地描述物质空间的某些现象.

非欧几何的创立，冲破了人们对于空间概念的传统认知和信念，且改变了人们千百年来（对空间概念）的思维习惯.

★★★★★
小贴士 ★

在黎曼几何中，$0=\dfrac{1}{\infty}$ 和 $\infty=\dfrac{1}{0}$ 不仅是合法的，而且也是合理的.

★★★★★
小贴士 ★

倘若从角与长度的测度（度量）区分，平面上有九种不同的几何：

平面上九种凯莱－克莱因几何学

角的测度	长度的测度		
	椭圆的	抛物的	双曲的
椭圆的	椭圆几何学	欧几里得几何学	双曲几何学
抛物的（欧几里得的）	伴欧几里得几何学	伽利略几何学	伴闵可夫斯基几何学
双曲的	伴双曲几何学	闵可夫斯基几何学	二重双曲几何学

1.7　尺规作图三大难题

在欧几里得几何作图问题中，只允许有限次地使用直尺（没有刻度）、圆规作图（简称尺规作图）.

据称公元前5世纪希腊雅典城中有一个包括各类学者的巧辩派，他们首次提出且研究了下面三个尺规作图问题（还有一些传说故事与之相随）：

（1）三等分任意角问题（将任意一个角三等分）；

（2）立方倍积问题（求作一个立方体使其体积为给定立方

▲我国汉朝武梁祠造像（规矩图）.

◀ 古希腊数学家、天文学家托勒密手执尺规.

把圆变成方也比骗过一个数学家容易.

　　　　——德·摩根

体体积的两倍）；

　　（3）化圆为方问题（求作一个正方形使其与某个给定圆等积）.

　　化圆为方问题是数学史上著名的"几何尺规作图三大难题"之一. 这三大难题一方面是古希腊人在几何作图问题研究中遇到的麻烦，另一方面也是《几何原本》体系或思想方法的延伸.

　　乍看上去，它们似乎并不很难，所以也引来无数爱好者的关注，但问题背后却蕴含了极为深刻、极为丰厚的数学背景，甚至为某些数学分支的创立提供了土壤. 其实这三个问题均不可解，换言之，它们均系数学中的"不可能问题".

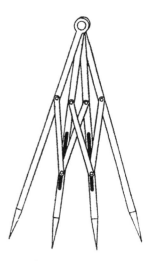

▲ 一种三等分角仪.

　　1837 年万兹尔（P. L. Wantzel）在研究阿贝尔定理化简时，意外地证明了"三等分任意角"和"立方倍积"这两个问题不能用尺规作图完成.

　　1882 年林德曼（C. Lindemann）在埃尔米特（C. Hermite）证明了 e 的超越性后，证明了 π 亦为超越数，从而证明了"化圆为方"也是尺规作图不能解决的问题.

　　1895 年克莱因在一次会议上给出"几何尺规作图三大难题的不可能性"的一个简证.

　　虽然借助曲线或尺规以外的其他工具，以上三个问题可以获解，但这已非问题本意. 从三大作图问题研究的艰难历程中可以看出：这三大难题代表当时几何学中的顶级问题，人们不能不佩服问题提出者的眼光与智慧.

▲ 手拿尺规的阿基米德.

2. 形的奥妙

几何图形中存在着无尽的奥妙，它们有时令人感叹，有时令人赞美，这一切都耐人寻味.

2.1 中外比与黄金分割、黄金数

▲ 近乎五角星形的花.

毕达哥拉斯曾领导一个数学学术团体，成员们经常聚在一起研究、讨论、交流各自的学习心得，他们的成果对外人是严格保密的，每个成员都守口如瓶，否则会遭不测. 团体成员都有一个用五角星作图案的徽章，并在角顶上分别注上希文 υ，γ，ι，$\varepsilon\iota'$ 和 χ，按顺序把它们读下来（逆时针）即 $\upsilon\gamma\iota\varepsilon\iota'\chi$，意思为"健康".

▲ 五角星徽章

五角星是他们经过仔细筛选且认真研究过的图形. 他们为何对五角星独有偏爱？除了其形象美之外，五角星还包含许多数学内涵，比如某些线段间特殊的比.

几何上，我们学过"黄金分割"，即把线段 l 分成 x 和 $l-x$ 两段（见下图），使其比满足：

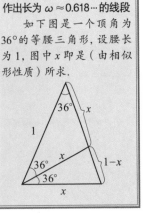

小贴士 ★

作出长为 $\omega \approx 0.618\cdots$ 的线段

如下图是一个顶角为 $36°$ 的等腰三角形，设腰长为 1，图中 x 即是（由相似形性质）所求.

A ———————— X ———— B

x $l-x$

l

▲ 黄金分割

$$x : l = (l-x) : x,\ \text{即}\ x^2 + lx - l^2 = 0,$$

这样解得 $x = \dfrac{\sqrt{5}-1}{2}l$，这种分割史称为"中外比分割"，而 $\omega = \dfrac{\sqrt{5}-1}{2} \approx 0.618\cdots$ 称为黄金数（黄金比值）.

我们可以证明，在五角星图形里（如下页图）竟然蕴涵如此丰富的黄金比：

$$BC : AB = AB : AC = AC : AD = x : l.$$

不难推测，毕达哥拉斯学派的学者们发现了它，并认为这是一种幽藏于神明的天机（在科学并不发达的当时，由于五角星中蕴涵如此众多的奇妙性质，似乎让人不得不如此认为）.

进一步计算还可知，它们的比值均为 0.618….

0.618…被达·芬奇誉为"黄金数"（因而中外比分割亦被誉称为"黄金分割"），这种分割也曾被天文学家开普勒（J. Kepler）赞为几何学中两大"瑰宝"之一（另一件瑰宝即为"勾股定理"）.

顾名思义，黄金数被赋予黄金一样的熠熠光彩和不菲价值，受到了人们广泛的欢迎.

事实上，黄金数一直统治着古代中东地区和中世纪时期的西方建筑艺术，无论是古埃及的金字塔，还是希腊雅典卫城的帕特农神庙；无论是印度的泰姬陵，还是巴黎的埃菲尔铁塔，这些世人瞩目的建筑中都蕴藏着 0.618…这一黄金数.

一些珍贵的名画佳作、艺术珍品也处处体现了黄金分割——它们的主题大都在作品的黄金分割点处（对于绘画、雕塑、建筑等艺术来讲，主题中的 0.618…有时表现在横向，有时表现在纵向. 只要你肯仔细寻觅，便不难发现这个事实）.

对于某些音乐、电影、文学作品，其中乐章、故事、情节的高潮往往在全曲、全剧、全书的 0.618…前后.

更有趣的是，人体中有着许多黄金分割的例子，比如：人的肚脐是人体全长的黄金分割点，而膝盖又是人体肚脐以下部分体长的黄金分割点. 甚至有人竟以此标准去衡量一个人的体形是否标准或健美.

达·芬奇在《维特鲁威人》这幅画中，把人体与几何中最完美而又简单的图形（圆和正方形）联系到了一起，图中还蕴涵着黄金分割（比）.

肚脐不仅是人体身长的黄金分割点，而且从医学上看，肚脐

小贴士 ★

勾三股四弦五与黄金数

在边长为 3, 4, 5 的直角三角形中（θ 为形中最小锐角）：

$$\tan\frac{1}{4}\left(\theta+\frac{\pi}{2}\right) = 0.618\cdots.$$

注意到三角函数公式

$$\tan\frac{1}{4}\left(\theta+\frac{\pi}{2}\right)$$

$$=\tan\frac{1}{2}\left[\frac{1}{2}\left(\theta+\frac{\pi}{2}\right)\right]$$

$$=\frac{\sin\frac{1}{2}\left(\theta+\frac{\pi}{2}\right)}{1+\cos\frac{1}{2}\left(\theta+\frac{\pi}{2}\right)}=\cdots$$

$$=\frac{\sqrt{5}-1}{2}=0.618\cdots.$$

▲ 帕特农神庙. 神庙的长与高之比约为 0.618…

▲ 在米勒（J. F. Millet）名画《拾穗者》中，人们发现其构图中运用了黄金分割.

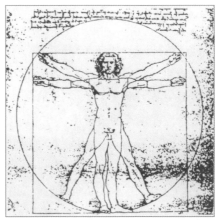

▲ 在达·芬奇《维特鲁威人》这幅画中，人的身高就是按 0.618 画的，其他部位也按特定比例标准绘制，比如双手展开的宽度等于身高.

▲ 中国画的主题（横或竖）大多在画面的 0.618…处.

是婴儿与母体连接的通道，这似乎也合乎生理学上的择优原理，比如该点是将养分或信息输送到婴儿全身各处的最佳点.

在口腔学范畴内，符合 0.618…这个比例的六龄牙（六岁时萌出的第一颗大磨牙），由于其牙冠大、牙尖多、咀嚼面积广、牙根分叉结实等特点而与众不同，它不仅在咀嚼食物时发挥作用最集中、担负咀嚼压力最大，同时它在维持颜面下三分之一部位的端正和保持上、下牙弓间的咬合关系上，均起着重要的作用.

20 世纪德国一位心理学家曾做过一个试验：让参观者从展出的 20 种不同规格的（即长宽比例不一的）长方形中选出自己认为最美的一种，结果多数人选择了"长∶宽 = 1∶0.618…"或接近这个比例的长方形.

开普勒在研究植物叶序问题（即叶子在茎上的排列顺序）时发现：叶子在茎上的排列也遵循黄金比.

很多时候，植物叶子在茎上的排布是呈螺旋状的，若细心观察一下你会发现，不少植物叶片的形状虽然不同，但其排布却有相似之处，比如相邻两张叶片在与茎垂直的平面上的投影夹角是 137°28′（见右图）.

也许你不曾想到：这个角度（137°28′）正是把圆周分为 1∶0.618…的两条半径的夹角，人们也常称之为"黄金分割角".

科学家们经计算表明：这个角度对植物叶子通风、采光来讲，都是最佳的. 因此，建筑学家们仿照植物叶子在茎上的排列方式设计、建造出的新式仿生房屋，不仅外形新颖、别致、美观、大方，同时还具发有优良的通风和采光性能.

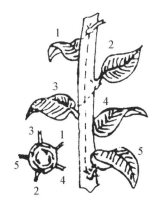

▲ 相邻叶片 1，2；2，3；3，4；4，5；…在与茎垂直的平面上的投影夹角均为 137°28′（上图左下角）.

2.2　叶序、花瓣数与斐波那契数列

开普勒还发现：叶子在茎上环绕的圈数和它绕一周时茎上叶数之比 ω 随植物不同而异. 他观察后发现了许多种树的 ω 值，比如榆树为 1/2，山毛榉树为 1/3，樱桃树为 2/5，梨树为 3/8，柳树为 5/13，….

请注意它们的分子和分母组成的数列分别是：

$$1，1，2，3，5，\cdots，$$
$$2，3，5，8，13，\cdots.$$

它们恰恰是下面这个数列 $\{f_n\}$：1，1，2，3，5，8，13，…（该数列的特点是从第三项起，每项均为其前面两项之和的子列，该数列被称为斐波那契数列.

1202 年意大利数学家斐波那契（L. P. Fibonacci）在其出版的一本名为《算盘书》的著述中提到"兔生小兔"问题，并引出了一个重要数列——斐波那契数列，这种数列对于不少数学分支均有应用. 问题是这样的：

小贴士 ★

植物相邻叶子间的夹角
（单位：rad）

植物	草树	榛树	杏树	杨树	柳树	…
夹角/π	$\frac{1}{2}$	$\frac{1}{3}$	$\frac{2}{5}$	$\frac{3}{8}$	$\frac{5}{13}$	…

　这里 1，1，2，3，5，8，13，…为斐波那契数列中的项.

▲ 斐波那契.

兔子出生后的第 3 个月就能生小兔. 假定每月每次不多不少恰好生一对（一雌一雄），若养了一对初生的小兔，试问一年后能繁殖多少对兔子？

我们先来用"笨"方法推推看：

第一个月：只有一对小兔；

第二个月：仍然只有一对小兔；

第三个月：这对兔子生了一对小兔，这时共有两对兔子；

第四个月：老兔子又生了一对小兔，而上个月出生的小兔还未长大，故这时共三对兔子；

第五个月：有两对兔子可生殖（原来的老兔和第三个月出生的小兔），共生两对兔子，这时兔子总数为五对；

……

如此推算下去，我们可以有下表：

月份数	一	二	三	四	五	六	七	八	九	十	十一	十二	十三	…
兔子对数	1	1	2	3	5	8	13	21	34	55	89	144	233	…

由上表可知，一年后（即第十三个月后）兔子数为 233 对.

上表中的数列 1，1，2，3，5，8，…便是著名的斐波那契数列.

如果我们从另一个角度推算你会看到（我们把数列中的项记为 f_1，f_2，f_3，…，且数列记为 $\{f_n\}$）：

第 $k+1$ 个月的兔子（数量为 f_{k+1}）可分成两类：一类是当月刚刚出生的小兔，它们的数目恰好为两个月前的兔子数（该数为 f_{k-1}），另一类是上个月的兔子（它的数量为 f_k），这样便有

$$f_{k+1}=f_{k-1}+f_k \quad (k \geqslant 2).$$

换言之，该数列从第三项起每项均为其前面相邻两项之和（比如 8=3+5，55=21+34，等等）. 这是该数列的一个十分重要的性质.

该数列还有许许多多其他有趣的性质，以致它在许多数学分支中均有应用.

有人还从花的瓣数中，找到了这个数列：花瓣数通常只是3，5，8，13，21，….

▲ 野玫瑰.

▲ 延龄草.

▲ 大波斯菊.

花　名	百合、延龄草	野玫瑰	大波斯菊	金盏草	紫宛	雏菊	…
花瓣数	3	5	8	13	21	34	…

生物学家研究发现：这是由于生物所有原基之间复杂的动态关系相互作用的结果，原基间借助黄金分割角 137° 28′ 分布，恰好导致花瓣数目为 3，5，8，13，….

下面是另一个有趣的例子：

在苹果公司的商标——被咬了一口的苹果中，蕴含许多数学知识和故事，包括斐波那契数列.

它的设计图案如图（a）所示：

请注意图（b）中的小圆中的数字表示该小圆半径，这些小圆半径恰好为斐波那契数列中的前几项［图（c）］：

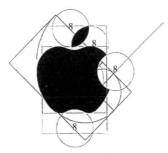

▲（a）苹果商标的设计图案.

$$1, \ 2, \ 3, \ 5, \ 8, \ 13.$$

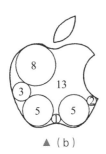

▲（b）

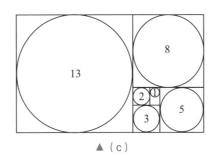

▲（c）

2.3　神奇的联系

人们还在许多领域中发现了斐波那契数列的身影，比如在晶体结构研究中，人们发现某些准晶体结构中晶格节点分布规律也与该数列有关，即五次对称晶格的一维排列与斐波那契数列生成规律吻合.

更令人赞叹和惊奇的是，这个数列前后两项之比，越来越接近黄金比值 0.618…：

$$\frac{1}{2} = 0.5, \quad \frac{2}{3} = 0.666\cdots, \quad \frac{3}{5} = 0.6, \quad \frac{5}{8} = 0.625,$$

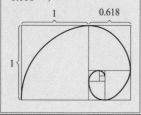
$$\frac{8}{13} = 0.615\cdots, \quad \frac{13}{21} = 0.619\cdots, \quad \frac{21}{34} = 0.617\cdots.$$

　　在 6 阶拟完美矩形（定义见后文）外不断依斐波那契数列规则添加新的正方形，这种矩形边长（宽、长）之比的极限为 0.618….

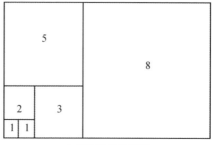

▲6 阶拟完美矩形.

　　我们也许很难想象：黄金数 $\omega=0.618\cdots$，杨辉三角形和斐波那契数列 $\{f_n\}$：1，1，2，3，5，8，…，这些看上去似乎是风马牛不相及的话题之间，却有着耐人寻味的奇妙联系：

　　斐波那契数列前后两项之比的极限（随项数的增加）是黄金数 ω，即

$$\lim_{n\to\infty}\frac{f_{n-1}}{f_n} = \omega.$$

而将杨辉三角形改写成下图（右）：

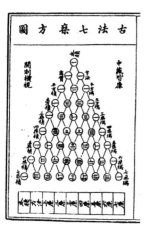

▲ 古法七乘方图中的数字三角形.

```
        1
      1   1
    1   2   1
  1   3   3   1
1   4   6   4   1
1  5  10  10  5  1
```

▲ 扬辉三角形.

```
$f_n$
1   1
1   1   1
2   1   2   1
3   1   3   3   1
5   1   4   6   4   1
8   1  5 10 10  5  1
```

▲ 改写后的扬辉三角形.

　　再让它沿上右图中斜线（虚线）相加之和记到竖线左端，你会发现：它们分别是 1，1，2，3，5，8，…，此即斐波那契数列.

　　正是斐波那契数列和黄金数那些奇妙的性质，它们被广泛应用在优选法或最优化方法等领域中.

3.　对称是一个广阔的主题

3.1　对称看上去很美

对称通常指图形或物体对某个点（中心对称）、直线或平面而言（轴对称），在大小、形状和排列上具有一一对应关系.

"对称"概念最初源于几何，如今它的含义已远远超出几何范畴. 对称也是一种和谐美. 毕达哥拉斯、柏拉图所认为的宇宙结构最简单的基元——正多面体是对称的；他们喜欢的图案五角星也是对称的；圆是最简单的封闭曲线，也是一种最完美的对称图形……

在数学中，对称的概念同样已有拓广（常把某些具有关联或对立的概念视为对称），这样对称之美便成了数学美中的一个重要组成部分，同时也为人们研究数学提供了某些启示.

德国数学家、物理学家魏尔斯特拉斯（Weierstrass）说："美和对称紧密相连.""对称"在艺术、自然界、科学上的例子是屡见不鲜的. 人之所以"美"多是因为其脸上的各器官（均匀）对称. 自然界的对称可以从微观粒子到整个宇宙的每一结构尺度上找到.

从建筑物外形到日常生活用品，从动植物外貌到生物有机体的构造，从化合物的组成到分子晶体的排布……其中皆有对称. 现代建筑和古代民居中也蕴含着对称.

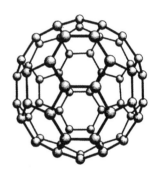

▲ C^{60} 分子排列模型.

雅典帕特农神殿

印度泰姬陵

巴黎圣母院

巴黎埃菲尔铁塔

▲ 著名建筑中的对称.

对称是一个广阔的主题，在艺术和自然两方面都意义重大. 数学则是它的根本.

——外尔

　　化学上诸多化合物分子如甲烷、苯分子等是对称的. 微生物比如病毒,其形状多为对称的,除流感病毒呈螺旋形外,其他病毒如疱疹、牛痘、腺病毒等皆呈正 20 面体状.

▲ 水痘 – 带状疱疹病毒的横切面.

　　再比如细胞结构也是对称的,每个细胞内有一个不定形的中心体,它生成细长的微管,如同小海胆的细胞内部骨架,这在 1887 年就已被人们发现. 就连某些动物的步法除周期性外,还有对称性(与单振子网络中周期模式相似,它是动物生理或神经电路网络自然产生的结果). 在物理上许多晶体的外形及内部构造也都是对称的……

　　不夸张地说:"对称"的概念源于数学(更确切地讲是欧几里得几何),至于"对称"在生物现象中的研究,始于 1848 年的巴斯德的工作——当时他已经知道有机化合物通常只依两种形式之一出现. 而在无机过程中,这两种形式都出现,且互成镜像(事实上,巴斯德有一段时间曾考虑过这种意见,即只产生两种形式之一的能力,是生命所特有的权利).

　　古希腊人十分留意各种"对称"现象,以致他们竟创立一种学说,认为世界一切的规律都是从对称来的. 他们觉得最对称的东西是圆,所以他们把天文学中的天体运动轨道画成圆的,后来圆上加圆,这一来就发展成为希腊后来的天文学.

　　开普勒研究天体运行时,再一次用上对称观点. 他同时发现,用圆上加圆对天体运行规律解释时并不可行,但是将圆换成椭圆就可以了——他是受到希腊人想要把一切东西视为极端对称思想的影响.

▶ 达·芬奇的建筑设计图稿. 图稿中处处运用对称理念，说明达·芬奇对于"对称"的钟爱.

★ ★ ★ ★ ★
小贴士 ★

雪花为何多为六角形

雪花为什么多呈六角形，花样又如此繁多呢？

雪花是由小冰晶增大变来的，而冰的分子以六角形的为最多，因而形成的雪花多是六角形的. 雪花形状的多种多样，则与它形成时的水汽条件有密切的关系.

对于六角形片状冰晶来说，由于它面上、边上和角上的弯曲程度不同，相应的，具有不同的饱和水汽压，其中角上的饱和水汽压最大，边上次之，平面上最小.

再加上冰晶不停地运动，它所处的温度和湿度条件也不断变化，这样就使得冰晶各种部分增长的速度不一致，形成多种多样的雪花.

到了今天我们始发现："对称"的概念是极为重要的. 20世纪的研究发现：对称的重要性在与日俱增，这从某个方面也说明了希腊人想法的合理性. 比如在动力学问题中，按照对称观点来考虑可以得到许多重要结论. 例如一个氢原子中，一个电子圆形轨道是原子核作用在电子上的库仑力的对称结果和证据. 这里"对称"意味着在所有方向上力的大小都一样. 这个结论在量子力学中，又从深度、广度上大大地发展了. 周期表的一般结构，实际上是上面所说的对称——库仑力的各向同性的直接而出色的结果；反粒子的存在，它是建立在相对性对称原理上的（它已经在狄拉克（P. A. Dirac）的理论中被预测到）.

此外，物理学家们还意识到：许多守恒定律都源自宇宙结构中的对称性.

德国数学家诺特（A. E. Noether）证明了"每一条守恒律都可视为某一种对称的结果"（每一守恒律均对应一个对称群，

★ ★ ★ ★ ★
小贴士 ★

杨振宁在《基本粒子发展史》中引用的荷兰画家埃舍尔的杰出作品《骑士》，画中黑白图案是对称的（其实，这里的对称只是《易经》中阴阳鱼，甚至国际象棋盘的拓扑变形而已）.

小贴士 ★

对联中的数字

　　其实对称性范围不只限于空间中的物体，在声学和音乐中，它的同义词是"和谐"。

　　中国人喜欢对联，这在某种意义看也是一种对称美。关于它的故事不少。比如，金圣叹的"半夜二更半，中秋八月中"，甚美。

　　又如："冻雨洒窗，东两点，西三点；切瓜分客，上七刀，下八刀。"

　　再如："日晒雪消，檐滴无云之雨；风吹尘起，地生不火之烟。"

　　此外还有所谓"绝对"，即上联拟出后，尚无续出工整、贴切下联的"半边对"。相传清代，有人为纪晓岚出的上联"月照纱窗，个个孔明诸葛（格）亮"，直到近代始有人给出"风送幽香，郁郁畹华梅兰芳"的下联。

它描述了时空中的每一点的相关对称性，如经典电荷理论中的电荷守恒律，量子物理中的自旋守恒律等）。

　　上面的例子正说明：自然界似乎巧妙地利用了对称定律的简单的数学表示。数学推理的内在的优美和出色的完美，以及由此而来的用数学推理去揭示物理学结论的复杂性和深度，是鼓舞物理学家的充沛源泉。自然界具有人们所希望了解的规律性。

　　在中国，对联是一种国粹，因其独特的形式、丰富的内容、铿锵的节奏和优美的文采始终为人们喜闻乐见。

　　对联雅称"楹联"，其文字简洁，意义深邃，对仗工整、平仄协调，堪称中华民族的文化瑰宝。从文字个数和寓意上看，对联也是一种对称。

3.2　世事并非都是对称的

　　对称也许只是表象，不对称大概才是终结。物理学家杨振宁教授说过：

　　"对称"实在是一件不容易发生的事，因为自然界的现象，人类觉得它有对称，一方面是很自然的，另一方面又要追求它的准确性。自然是否呈现"对称"曾被历史上的哲学家们长期地争论过。

▲ 园中的怪石。自然丑有时也可以化为艺术美。怪石以丑为美，丑到极处，便也是美到极处。

在绘画、摄影、雕塑……艺术中，绝对的对称会显得呆板而无生气，对称中有一点不对称，往往给人一种鲜活美的享受.

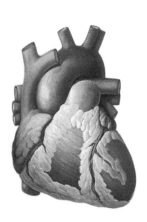

▲ 心脏模型，看上去它并不对称.

（a）弘仁的原作　　　　　（b）对称化之后的画作

▲ 弘仁的一幅山水画与其对称化结果的比较.

不整齐、不对称有时也会产生"最优"、节省的效果.

例如，将边长为 $a=100000$ 的大正方形，裁成 1×1 的单位正方形，按习惯或传统方法，把每个小方块都方方正正、整齐对称地摆好，这种只能摆 100000^2 个——你也许不曾留心，这时的浪费是惊人的，因为剩下未被盖住的铁板面积却大于 20000.

可是如果换一种摆法，也就是稍稍错动各个小方块的位置（不是方方正正地摆上），可以找到多摆 6000 个小方块的方法（见下图）.

▲ 画作中的非对称.

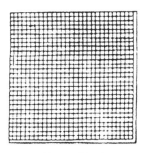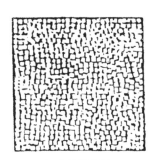

（1）整齐对称摆法　　　　（2）较优摆法

小贴士 ★

下图是一个正方形及其
两条对角线:

用一条边和一条对角线
(可折),或两条半对角线共
可组成 24 种图形,它们多数
不对称.

又如,半径不一的大小五个球放在桌面上,然而从节省或审美的角度看,规则摆放不一定最好,下图所示的不规则摆放所占据的桌面长度却是最小!

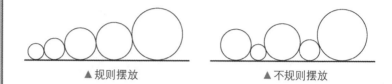

▲规则摆放   ▲不规则摆放

不对称(不规则)摆放钢管所占空间更节省(也可看成在钢板上裁剪出同规格的圆片,此裁剪法为最优):

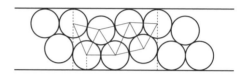

三、数与形，相得益彰

> 只有音乐堪与数学媲美.
>
> ——怀特海
>
> 在形式数学中，每一步骤或为允许的，或为不正确的.
>
> ——图肯

艺术家们追求的美中，形式是特别重要的. 比如：泰山的雄伟、华山的险峻、黄山的奇特、峨眉山的秀丽、青海湖的幽深、滇池的开阔、黄河的蜿蜒、长江的浩瀚……艺术家们渲染它们的美时，常常运用不同的形式.

数学家们也十分注重数学的形式美，尽管有时它们的含义更加内敛、更加深邃，比如整齐简练的数学方程、匀称规则的几何图形都可以看成一种形式美，这是与自然规律的外在表述（形式）有关的一种美. 寻求一种最适合表现自然规律的方法（语言）是对科学理论形式美的追求.

1. 用图形诠释数

（1）形数

毕达哥拉斯学派的人们非常注意数的形象美（正如亚里士多德对其的诠释：数是物质现实中的原子），他们把"数"按照可用石子摆成的"形"状来分类，比如"三角数""四角数"（又称正方形数）：

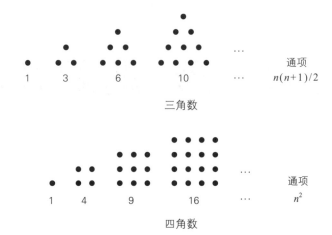

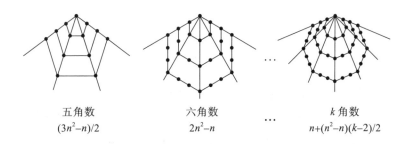

此外，他们还定义了"五角数""六角数"……（它们统称多角数）.

五角数
$(3n^2-n)/2$

六角数
$2n^2-n$

…

k 角数
$n+(n^2-n)(k-2)/2$

毕达哥拉斯学派及其崇拜者还研究了多角数的一些美妙性质，比如他们发现：

每个四角数是 2 个相继三角数之和；

第 $n-1$ 个三角数与第 n 个 k 角数之和为第 n 个 $k+1$ 角数；

……

后来的数学家们，也一直注重着这种数学形式美，且从中不断地有所发现.

17 世纪初，法国业余数学家费马在研究多角数性质时提出猜测：

每个正整数均可至多用 3 个三角数和、4 个四角数和……k 个 k 角数和表示.

当高斯在 1796 年 7 月 10 日证明了"每个自然数均可用不多于 3 个三角数之和表示"后，在日记上写道：

▲ 德国发行的纸币上的高斯像.

EγPHKA!　num=△＋△＋△

这里"EγPHKA"（英文为 eureka）在希腊语中意为"找到了"，这句话正是当年阿基米德在浴室里发现浮力定律后，赤着身子跑到希拉可夫大街上狂喊的话语，高斯在这里引用它，可见他的欣喜之情溢于言表［num 即西文"数（number）"的缩写，△ 表示三角数］.

欧拉从 1730 年开始研究自然数表为四角数和的问题，十三年之后（1743 年）仅找到一个公式：

$$(a^2 + b^2 + c^2 + d^2)(r^2 + s^2 + t^2 + u^2)$$
$$= (ar + bs + ct + du)^2 + (as - br - cu - dt)^2 +$$
$$(at - bu - cr + ds)^2 + (au + bt - cs - dr)^2.$$

这个式子是说：可以表为四个完全平方数和的两个自然数之积仍可用四个完全平方数和表示.

1770 年，拉格朗日（J. L. Lagrange）利用欧拉的等式证明了自然数表为四角数和的问题.

1773 年欧拉（此时他已双目失明）也给出一个更简单的证明（这件事再一次释明数学的简洁美始终为数学家们所追求）.

1815 年法国数学家柯西（A. L. Cauchy）完整地证明了"每个自然数均可表为 k 个 k 角数和"的结论.

（2）图与分数和

用"图"去诠释某些数列（级数）和，不仅看上去形式很美，而且形象、直观，让人过目难忘. 比如计算

$$\frac{1}{2} + \frac{1}{4} + \frac{1}{8} + \frac{1}{16} + \frac{1}{32} + \cdots$$

我们只需记住单位正方形的面积是 1，它的一半是 $\frac{1}{2}$，再一半是 $\frac{1}{4}$……请看下面诸图（图中数字表示该图形面积，下同）：

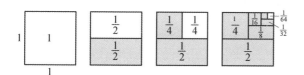

★ ★ ★ ★ ★
小贴士 ★

乌拉姆现象

美国数学家乌拉姆（S. M. Ulam）在一次不感兴趣的科学报告会上，为了消磨时间便在一张纸上把 1, 2, 3, …, 99, 100 按逆时针方向排成螺旋状，当他把图表上的全部素数都画出来时，惊奇地发现：这些素数都排在一条条直线上！见下图.

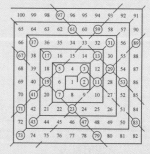

大于 100 的整数是否也有这种现象？散会之后，他用计算机把 1～6500 中的全部整数按逆时针螺旋式地排布打印在纸上，当他把其中的素数标出的时候，上述现象仍然存在. 这便是有名的乌拉姆现象.

数学家们还从乌拉姆现象中发现了素数许多有趣的性质.

这也是将"数"与"形"结合起来去发现数学规律的一个经典例子.

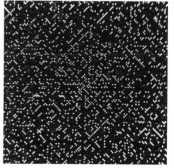

▲ 1～6500 中的全部素数打印图（图中白点为素数位置）.

由上你不难看到：$\dfrac{1}{2}+\dfrac{1}{4}+\dfrac{1}{8}+\dfrac{1}{16}+\dfrac{1}{32}+\cdots=1$.

再如，若问：$\dfrac{1}{3}+\dfrac{1}{9}+\dfrac{1}{27}+\dfrac{1}{81}+\dfrac{1}{243}+\dfrac{1}{729}+\cdots$ 值为多少？

倘若仍按上面方法考虑，不易直观地看出结果，请见下图左.

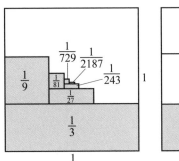 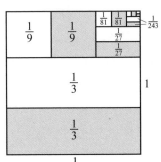

但如若我们变换一种表示方式，将单位正方形剖分成面积为

$$\dfrac{1}{3},\dfrac{1}{9},\dfrac{1}{27},\dfrac{1}{81},\cdots$$

的图形各两个（上图右），易见这些图形的面积和恰为 1. 换言之，

$$\dfrac{1}{3}+\dfrac{1}{9}+\dfrac{1}{27}+\dfrac{1}{81}+\dfrac{1}{243}+\cdots=\dfrac{1}{2}.$$

此外，我们还可从图中方便地算得

$$\dfrac{1}{2}+\dfrac{1}{4}+\cdots+\dfrac{1}{2^k} \text{ 和 } \dfrac{1}{3}+\dfrac{1}{9}+\cdots+\dfrac{1}{3^k}$$

的值.

顺便讲一句：三角数的倒数之和恰为 2.

三角数依次为

$$1,\ 3,\ 6,\ 10,\cdots,\dfrac{1}{2}n(n+1),\cdots.$$

注意到

$$1+\underbrace{\dfrac{1}{3}+\dfrac{1}{6}}_{\frac{1}{2}}+\underbrace{\underbrace{\dfrac{1}{10}+\dfrac{1}{15}}_{\frac{1}{6}}+\underbrace{\dfrac{1}{21}+\dfrac{1}{28}}_{\frac{1}{12}}}_{\frac{1}{4}}$$

$$+\underbrace{\underbrace{\underbrace{\dfrac{1}{36}+\dfrac{1}{45}}_{\frac{1}{20}}+\underbrace{\dfrac{1}{55}+\dfrac{1}{66}}_{\frac{1}{30}}}_{\frac{1}{12}}+\underbrace{\underbrace{\dfrac{1}{78}+\dfrac{1}{91}}_{\frac{1}{42}}+\underbrace{\dfrac{1}{105}+\dfrac{1}{120}}_{\frac{1}{56}}}_{\frac{1}{24}}}_{\frac{1}{8}}+\cdots$$

$$=1+\dfrac{1}{2}+\dfrac{1}{4}+\dfrac{1}{8}+\cdots=2.$$

小贴士　★

有趣的和式

$\sum\limits_{k=1}^{\infty}\dfrac{1}{2^k}=1,\ \sum\limits_{k=1}^{\infty}\dfrac{1}{3^k}=\dfrac{1}{2},$

$\sum\limits_{k=1}^{\infty}\dfrac{1}{4^k}=\dfrac{1}{3},\ \sum\limits_{k=1}^{\infty}\dfrac{1}{5^k}=\dfrac{1}{4},$

$\cdots,\ \sum\limits_{k=1}^{\infty}\dfrac{1}{9^k}=\dfrac{1}{8}.$

这里的无限（项）之和却是一个有限数.

圆是最美的图形.

——但丁

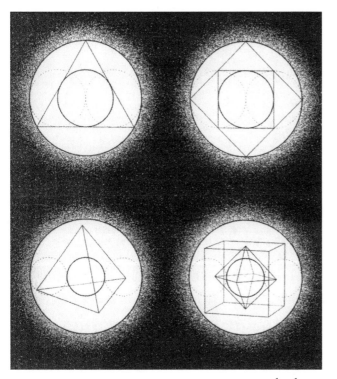

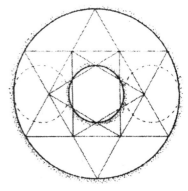

▲某些直线形与相切圆(或球)、相接圆(或球)也能产生 $\frac{1}{3}$，$\frac{1}{4}$ 等倍数.

▲能够生成 $\frac{1}{3}$ 大圆半径的小圆.

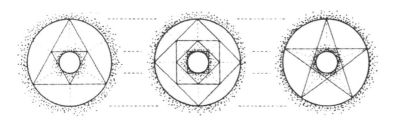

▲能够生成 $\frac{1}{4}$ 大圆半径的小圆.

小贴士 ★

几个自然数方幂和公式

$$1+2+3+\cdots+n=\frac{1}{2}n(n+1),$$

$$1^2+2^2+3^2+\cdots+n^2=\frac{1}{6}n(n+1)(2n+1),$$

$$1^3+2^3+3^3+\cdots+n^3=(1+2+3+\cdots+n)^2=\frac{1}{4}n^2(n+1)^2,$$

这是几个关于自然数方幂和的重要而常用公式.

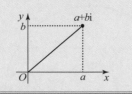

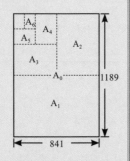
(3)圆与分数

等圆内接正三角形和正四边形,正三角形内切圆、正四边形的中点四边形内切圆,它们的半径均为大圆半径的 $\dfrac{1}{2}$;

而对等球内接正四面体、正六面体而言,产生的内切实小球半径为大球半径的 $\dfrac{1}{3}$.

(4)图解自然数方幂和

公元 1 世纪,古希腊学者尼科梅达斯(Nicomedes,毕达哥拉斯团队成员)给出了自然数的立方和公式:

$$\sum_{k=1}^{n} k^3 = \left[\frac{1}{2}n(n+1)\right]^2 = \left(\sum_{k=1}^{n} k\right)^2.$$

这个公式有其自身的美和内涵(它展示了"自然数和"与"自然数立方和"之间的关联),然而它的本身却无法展现这种关系的实质,若用另一种数学语言或符号——图来表示,这种关系便清晰而显见了.

下面我们给出两种"图"示方法来诠释尼科梅达斯公式:

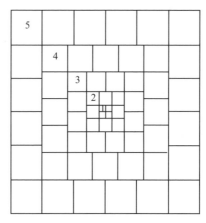

图中大正方形是由边长分别为 5,4,3,2,1 的(自外向里)小正方形组成的,从图中易看出:

大正方形的边长为 $5\times6=5\times(5+1)$,同时它也等于

$$2\times(5+4+3+2+1).$$

这样,我们首先有 $2\times(1+2+3+4+5)=5\times(5+1)$,即

$$1+2+3+4+5=\frac{1}{2}\times5\times(5+1).$$

又，大正方形面积为 $\left[\,5\times(5+1)\,\right]^2$，同时它又可表为诸小正方形面积和：

$$4\times1^2+4\times2\times2^2+4\times3\times3^2+4\times4\times4^2+4\times5\times5^2$$

$$=4(1^3+2^3+3^3+4^3+5^3),$$

从而， $1^3+2^3+3^3+4^3+5^3=\left[\dfrac{5(5+1)}{2}\right]^2=(1+2+3+4+5)^2.$

我们再来看另一种图示方法：

7	7	7	7
6	6	6	7
5	5	5	6
4	4	5	6
3 3	4	6	7

上图中大正方形的边长为 $1+2+3+4+5+6+7=\dfrac{1}{2}\times7(\,7+1\,)$，它的面积显然是 $\left[\dfrac{1}{2}\times7(\,7+1\,)\right]^2.$

另一方面，它又等于全部小正方形面积和. 但有一点需注意：边长为 2，4，6 的正方形在右上角处有重叠（图中涂黑者），凑巧它又被其右上方的小正方形（图中画斜线者）所补偿了，这样一来，这些小正方形的面积和恰好等于大正方形面积.

又，$1+2\times2^2+3\times3^2+4\times4^2+5\times5^2+6\times6^2+7\times7^2=1^3+2^3+3^3+4^3+5^3+6^3+7^3$，从而我们有（得到等式）

$$1^3+2^3+3^3+4^3+5^3+6^3+7^3=\left[\dfrac{1}{2}\times7(\,7+1\,)\right]^2.$$

当然前面的例子是表面和形式的，数学史上数与形结合的典例是解析几何的创立.

（5）解析几何是几何与代数（或分析）相结合的新学科

法国数学家笛卡儿提出直角坐标系、点的坐标等概念，且通过它将"数"与"形"结合到了一起（用含有变元的代数方程研究曲线，或用代数方法研究几何问题），他的《几何学》著述，

▲ 北京大学出版社出版的《笛卡儿几何》一书的封面.

▲笛卡儿《几何学》手抄本.

提出了解析几何的主要思想和方法. 此书也是笛卡儿于 1637 年出版的哲学著作《方法论》中的三个附录之一.

19 世纪英国哲学家穆勒（J. S. Mill）说：解析几何远远超出了笛卡儿的任何形而上学的推测, 它使笛卡儿的名字永世流芳, 它是人类在精密科学的进步史上曾迈出的最伟大的一步.

2. 河图、洛书及其他

幻方是一种带有神奇色彩的数字游戏, 也是人们追求的数学形式美的生动纪实, 关于它有许多有趣而动人的传说.

据称伏羲氏王天下时, 黄河里跃出一匹龙马, 马背上驮了一幅图, 上面有黑、白点五十五个, 用直线连成十数, 后人称之为"河图".

相传夏禹时代, 洛水中浮出一只神龟, 背上有图有文, 图中有黑、白点四十五个, 用直线连成九数, 后人称它为"洛书".

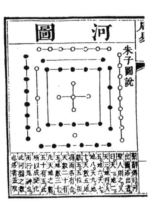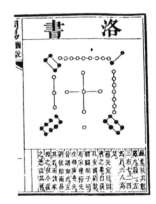

▲《周易》中的河图、洛书.

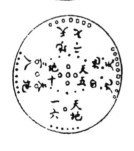

▲龙马、神龟及洛书、河图.

上面的两幅图出自《周易》, 其中黑点组成的数都是偶数（古称阴数）, 白点组成的数是奇数（古称阳数）. 其中"洛书"译成今天的符号（文字）, 便是一个"幻方"（即在 $n \times n$ 方格中填入 $1 \sim n^2$ 这 n^2 个数, 使得表中每行、每列及两条对角线上数字和均相等, 它被称为"幻和". 幻方的行或列数称为"阶"）, 它有三行三列, 故称"3 阶幻方".

4	9	2
3	5	7
8	1	6

洛书今译

2	9	4
7	5	3
6	1	8

洛书镜像

▲ 河南省具茨山上四千年前的岩刻，被我国水利史学家鉴定为大禹治水时的"河图".

"幻方"又称为"魔方"，我国南宋时期的数学家杨辉称它为"纵横图". 杨辉曾给出五阶到十阶的纵横图.

对于 3 阶幻方的构造，杨辉给出"九子斜排，上下对易，左右相理，四维挺出"的方法，请看：

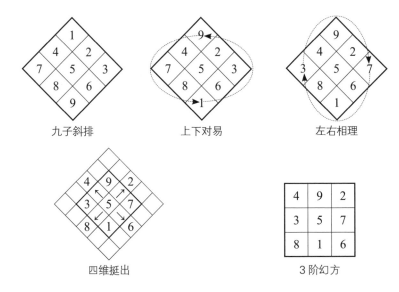

九子斜排　　　　　上下对易　　　　　左右相理

四维挺出　　　　　3 阶幻方

27	29	2	4	13	36
9	11	20	22	31	18
32	25	7	3	21	23
14	16	34	30	12	5
28	6	15	17	26	19
1	24	33	35	8	10

6 阶幻方

46	8	16	20	29	7	49
3	40	35	36	18	41	2
44	12	33	23	19	38	6
28	26	11	25	39	24	22
5	37	31	27	17	13	45
48	9	15	14	32	10	47
1	43	34	30	21	42	4

7 阶幻方

小小的幻方中蕴藏着无尽的数字奥秘，直到近年仍不断有着新的发现.

由于幻方中蕴涵着奇妙的数学（数字）美，从而引起了人们对它的偏爱：它不仅出现在书籍上，也出现在名画中，如德国文艺复兴时期画家丢勒的版画《忧郁》中就有一个 4 阶幻方，且幻方中最末一行中间两数组成 1514，即表示画的创作年代.

西方人甚至认为幻方有奇异的魔力，能驱妖避邪，因而常把它刻成护身符佩戴.

▲ 载于明代程大位所著《算法统宗》一书中的幻方.

16	3	2	13
5	10	11	8
9	6	7	12
4	15	14	1

▲ 丢勒作品《忧郁》. 右上角圆圈提示部分可见幻方.

★·★·★·★·★
小贴士 ★

真正的 4 阶幻方

　　严格地讲, 幻方中数字应为 $1 \sim n^2$ (对于 n 阶幻方来讲), 这里已将定义拓展. 下图是一个真正的 4 阶幻方.

1	15	14	4
12	6	7	9
8	10	11	5
13	3	2	16

★·★·★·★·★
小贴士 ★

反幻方

　　行、列、对角线上诸数和皆不相等的幻方即为反幻方, 如下图.

1	2	3
8	9	4
7	6	5

　　喜欢幻方的不仅有中国人, 也有外国人; 不仅有数学家 (如欧拉), 还有物理学家、政治家 (如富兰克林); 不仅有白发苍苍的老人, 也有刚刚懂事的孩童.

　　此外, 幻方制作也在不断翻新, 人们还制作一些特殊形式、特殊数字的幻方 (这已与原来幻方定义有别), 比如素数幻方,即幻方中所有数均为素数，加 − 乘幻方（见后文），等等，下面便是两个 3 阶、4 阶素数幻方：

569	59	449
239	359	479
269	659	149

▲3 阶素数幻方.

17	317	397	67
307	157	107	227
127	277	257	137
347	47	37	367

▲4 阶素数幻方.

这两个幻方中的数字尾数都相同，一个是 9，一个是 7.

我们已说过，真正的幻方中的数字，对 n 阶幻方来讲应为 $1 \sim n^2$ 这 n^2 个连续整数，不过如今人们已将此约束淡化，条件放宽.

比如一些特殊的幻方，又比如素数幻方等，是无法满足连续整数要求的.

下面是两个数字更小的 3 阶素数幻方：

83	29	101
89	71	53
41	113	59

47	113	17
29	59	89
101	5	71

相继素数是指互相紧挨着的素数，下面是一个由 16 个相继素数组成的 4 阶相继素数幻方：

47	67	83	79
103	71	43	59
73	101	61	41
53	37	89	97

1988 年内尔松利用电子计算机试图寻找由九个大素数的相继素数组成的 3 阶幻方，他果然找到了两组，其中最小的一组组成下面的 3 阶幻方.

28	4	3	31	35	10
36	18	21	24	11	1
7	23	12	17	22	30
8	13	26	19	16	29
5	20	15	14	25	32
27	33	34	6	2	9

▲ 阿拉伯人的 6 阶幻方及译成的现代文字.

29	7349	5849	2999
6299	2549	4049	3329
4259	3539	6089	2339
5639	2789	239	7559

31	7351	5851	3001
6301	2551	4051	3331
4261	3541	6091	2341
5641	2791	241	7561

▲ 有人还将 16 对孪生素数两两拆开，分别构造了两个 4 阶幻方，称 "双孪生素数幻方".

1480028201	1480028129	1480028183
1480028153	1480028171	1480028189
1480028159	1480028213	1480028141

▲ 3 阶相继素数幻方.

"和积幻方" 指幻方中每列、每行、每条对角线上诸数和、积（下称幻和、幻积）分别相等，比如下面幻方中每一行和、列和、对角线和均为 2115；且每一行积（各数之积）、列积、对角线积均为 400617453604515840000，它又称 "加乘幻方".

86	264	315	240	414	47	400	153	196
441	50	255	135	172	352	282	336	92
184	376	144	357	98	300	44	225	387
141	192	368	294	350	102	405	43	220
308	90	258	46	235	432	204	392	150
250	459	49	344	132	180	96	276	329
51	245	450	176	360	129	322	94	288
384	138	188	100	306	343	215	396	45
270	301	88	423	48	230	147	200	408

▲ 9 阶和积幻方.

幻方制作花样不断翻新，比如，人们试图找到幻方内诸数皆完全平方数者，遗憾的是：至今尚未找到，但找到一个拟完全平方数幻方，该幻方行、列、从右上至左下的对角线 "／" 上诸数和皆相等，但从左上至右下的对角线 "＼" 上数字和不与幻和相等.

127^2	46^2	58^2
2^2	113^2	94^2
74^2	82^2	97^2

其实幻方制作还可拓广到空间，比如有人给出"拟3阶立方幻方"，其诸层面上数字均构成一个个三阶幻方，只是它们面对角线上数字和与幻和不等，但体对角线上数字和等于幻和，故称"拟幻方"．

59	641	601	103
463	241	281	419
283	421	461	239
599	101	61	643

▲ 孪生素数幻方，由8对孪生素数组成.

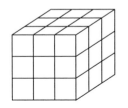

它的三层数字分别为：

10	26	6
24	1	17
8	15	19

23	3	16
7	14	21
12	25	5

9	13	20
11	27	4
22	2	18

幻方是人们追求数学形式美的代表之作，正如人们对美的追求不会终止一样，人们对幻方制作也在不断创新，不断变换花样．

杨辉在其所著《续古摘奇算法》中就给出许多这类问题，该书中就有聚图、阵图、连环图、攒图等．下面是其中的两例．

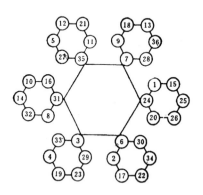

▲ 聚六图．每个小正六边形顶点诸数和皆为111（若图中数字3与4，7与9，24与29互换，则大正六边形顶点诸数和亦为111）．

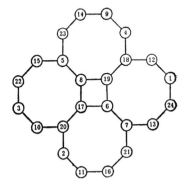

▲ 每个正八边形顶点上的诸数和皆为100.

幻方的另一种"演化"即所谓"数独"游戏．本书第五章的3.2节还将介绍这种游戏的来历及规则、玩法等．

小贴士 ★

美国的一位铁路职员亚当斯花了 47 年业余时间找到了一个幻六角形（即将 1～19 填入下图六角形中各圆圈处，使图中每条直线上的诸数和皆相等，且和为 38），后来人们发现，这种幻六角形是唯一的.

幻六角形.

小贴士 ★

数独游戏

画一个 9×9 方格，再用粗线将它们分成 9 个 3×3 方块（九宫格），然后再在一些格中填上 1～9 这 9 个数之一，留下一些空格 [由数学计算表明，所填数字个数不能少于 17，下图（左）]. 游戏要求你在这些空格中填满 1～9 这 9 个数之一，使得 9×9 的大正方形中每行、每列皆有 1～9 这 9 个数字，且每个 3×3 的小正方形中也要有 1～9 这 9 个数字 [下图（右）]. 人们称该游戏为"数独".

这是一个十分益智的游戏，国内外常有这类游戏比赛（在最短时间内准确完成数字填写为优胜者）.

					8		6
	9						
	6		4	2			
8						2	
1							
		9		4			
		8	3		1		
			9				
2		5					

4	2	1	5	9	7	8	3	6
3	5	9	6	1	8	2	7	4
8	7	6	3	4	2	5	1	9
9	1	3	4	5	6	7	2	8
5	6	2	7	8	9	3	4	1
7	8	4	1	3	2	9	6	5
1	4	8	2	7	5	6	9	3
2	3	5	9	6	1	4	8	7

由于最初填入的数字千变万化，数独终盘有约 6.67×10^{21} 种，即 6670903752021072936960 种，若除去等价终盘（旋转、翻转、行对换、列对换、数字对换等）有 5472730538 种. 这类问题可谓花样繁多.

3. 数与图的剖分

3.1 完美矩形

▲ 剑桥大学三一学院近景. 1938 年，该校四位大学生在此研究完美矩形的问题.

1923 年，鲁兹维茨（S. Ruzwitz）教授提出这样一个问题（据说此问题更早源于克拉克大学的数学家们）：

一个矩形能否被分割成一些大小不等的正方形？

此问题引起学生们的极大兴趣，大家都在努力寻找，好长时间，人们未能给出肯定或否定的回答. 同年，戴恩（M. Dehn）证明了：

若上述剖分存在，则矩形边长与所有小正方形边长皆可公度（即为小正方形边长的整数倍）.

直到 1925 年，莫伦（Z. Moron）找到了一种把矩形分割成大小不同的正方形的方法，且给出了两个矩形的分割作为例子，一个是 33×32 的矩形被分割成 9 个小正方形（下称 9 阶），另一个是 65×47 的矩形被分割成 10 个小正方形（10 阶）．这种矩形被后人称为完美矩形．至此，人们开始知道完美矩形的存在．

1938 年，剑桥大学三一学院的四位大学生布鲁克斯（R. L. Brooks）、史密斯（C. A. B. Smith）、斯通（A. H. Stone）和图特（W. T. Tutte）也开始研究此问题．他们提出的构造完美矩形的方法奠定了这个问题研究的理论基础，他们把完美矩形和电路网络理论中的基尔霍夫定律*联系起来（也使得该问题蒙上更为神奇的色彩），且借助于图论的方法．

1940 年，布鲁克斯等人给出了 9 ~ 11 阶（矩形被正方形剖分的个数）完美矩形的明细表，且证明了：

完美矩形的最低阶数是 9.

9 阶完美矩形仅有两种.

1960 年，荷兰数学家坎帕（J. B. Kamp）等人借助电子计算机给出了全部 9 ~ 15 阶完美矩形.

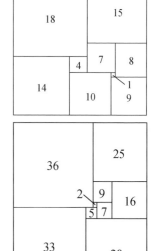

▲ 两种 9 阶完美矩形.

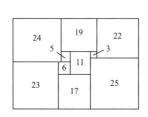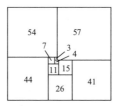

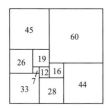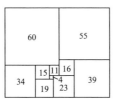

▲ 6 种 10 阶完美矩形．此外，还可通过在 9 阶完美矩形的两相邻边分别再加上一个大正方形，这样由 2 种 9 阶完美矩形，可得到 4 个 10 阶完美矩形，则共有 10 个．

---

* 基尔霍夫定律：（第一定律）在一个电路（网络）中，汇合在每一个节点的电流强度的代数和为零；（第二定律）在各导线电阻相等且皆为单位电阻的电路（网络）中，绕每个闭合回路的电流强度的代数和为零．

13阶完美矩形

13阶完美矩形本质上仅有两种（这也是同一矩形被分割成组合不一，但规格完全一样小方形的难得例子）：

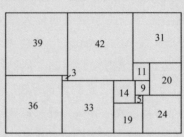

▲ 本质上仅有两种的 13 阶完美矩形.

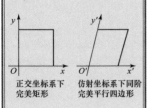
1969 年意大利的范德利克（P. J. Federico）给出一个 23 阶的边长为 1：2 的完美矩形（见下图），此前 1968 年布鲁克斯曾给出过一个边长之比为 1：2 的完美矩形，但它的阶数是 1323. 范德利克使用所谓"经验法"构造出来的这个完美矩形阶数显然小得多（边长亦然）.

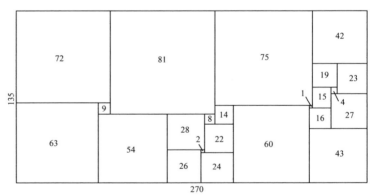

▲ 23 阶边长为 1：2 的完美矩形.

请注意：这里矩形的边长之比为 1：2，寻找这种比例的完美矩形，远不是一件轻松的事. 比如两边长之比为 1：3，1：4，1：5 等这类完美矩形，人们至今尚未找到，虽然人们已弄清了 9～15 阶全部完美矩形.

3.2 完美正方形

人们总是在不停地追踪新奇. 完美矩形的存在,诱发人们去寻找完美正方形. 这个问题最早由莫伦提出 *.“完美正方形”(顾名思义它本身就喻示一种美)是指一个可被分割成有限个彼此规格不相同的小正方形的正方形. 在完美正方形构造上,人们遇到了空前挑战(它比构造完美矩形困难得多). 虽然有人构造出 176×177 几乎接近正方形的完美矩形(它有 11 阶),但它仍不是完美正方形.

1930 年,苏联数学家鲁金(N. N. Luzin)猜测:不可能把一个正方形分割成有限个大小不同的正方形(即完美正方形不存在).

莫伦对此猜想提出挑战,他拟出一个由完美矩形构造完美正方形的设想:如果同一个矩形有两个不同的正方形剖分,且一个剖分中的每个正方形都不同于另一个剖分中的每个正方形,那么这两个剖分再添上两个正方形(它们异于矩形两个剖分中的所有正方形),便可构造出一个完美正方形.

1939 年,斯普拉格(R. Sprague)按照莫伦的思想成功地构造出一个 55 阶的完美正方形,其边长为 4205(见下图).

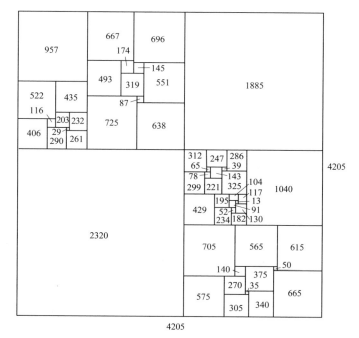

▲55 阶的完美正方形.

---

* 据说鲁茨耶维奇也曾考虑过这个问题,只是时间上稍晚于莫伦.

自相似完美图形

一个图形可被剖分成若干个大小不等且相似的图形, 则称之为自相似完美图形. 下面是两例:

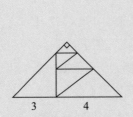

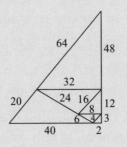

完美正方形是自相似图形；完美矩形、完美平行四边形等却不是.

当 $n \geqslant 6$, 正方形总可以剖分成 n 个大小不一的小正方形（允许有重样规格的小正方形）（它可用数学归纳法完成）. 下图是 $n=6$, 7, 8 的情形:

$n=6$ $n=7$ $n=8$

$n=9$, 10, 11 时只需将上图中一个正方形一分为四（增加 3 个正方形）.

几个月后, 阶数更小（28 阶）、边长更短（边长为 1015）的完美正方形由上文提到的剑桥大学三一学院的那四位大学生构造出来.

人们一方面着手改进完美正方形的构造方法, 另一方面又利用大型电子计算机帮助寻找, 这使得完美正方形的研究取得了长足进展.

1962 年, 荷兰特温特大学（University of Twente）的杜伊维斯廷（A. J. W. Duijvestijin）在研究完美正方形构造的同时, 证明了:

不存在 20 阶以下的完美正方形.

1967 年, 威尔逊（J. C. Wilson）用电子计算机找到一个 25 阶的完美正方形.

由于电子计算机的使用和寻找方法的改进, 1978 年杜伊维斯廷构造出一个 21 阶的完美正方形 [它是唯一的. 它不仅阶数最低, 同时数字也更简单（较小）, 且构造上有许多优美的特性, 比如 2 的某些方幂 2^1, 2^2, 2^3 均在一条对角线上]. 同时, 他还证明了:

低于 21 阶的完美正方形不存在.

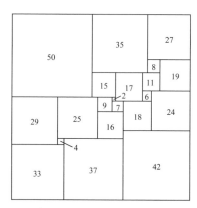

▲21 阶的完美正方形.

关于图形剖分问题，我们还想介绍一个概念：

图形的组成相等.

把一个正三角形剖分成四块，用它们可拼出一个与正三角形面积相等的正方形：

称它们为组成相等，两个面积相等的图形不一定组成相等（把其中之一剖成有限块去拼成另一图形）.

比如等积（面积相等）的三角形和圆就不是组成相等.

匈牙利数学家鲍耶（J. Bolyai）和德国数学家盖尔文（B. Gerwien）于 1832 年和 1833 年先后给出定理：

面积相等的两个多边形一定组成相等.

此外，查普曼（Chapman）于 1993 年还将完美剖分（正方形的）推广到莫比乌斯带、圆柱面、环面和克莱因瓶（详见后文）上去，在那里相应的完美正方形的最小阶数见下表：

小贴士　★

节省是一种完美

钞票设计比如分币只有一、二、五分币，用它们可支付 1～9 分的币值，故无须铸造三、四、六、七、八、九分硬币. 当然这里还要考虑支付时钱币枚数尽量少，否则只需铸造一分的硬币即可.

再来看下面一个 13cm 长的尺子，上面只有四个刻度：

| 1cm | 4 | 5 | | 11 | |

因它可完整地量出 1~13cm 间任何整数厘米的尺寸，这个问题称为"省刻度尺"问题，详见后文.

类型	完美正方形的最小阶数
莫比乌斯带	5
圆柱面	9
环面	2
克莱因瓶	大于 6，但不等于 9

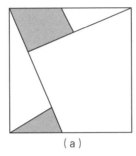 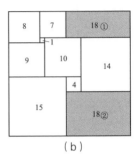

（a）   （b）

▲ 环面、圆柱面上的完美正方形.〔将正方形（a）上下边卷后粘上，为圆柱面；再将圆柱面两筒口粘上，即为环面，此时上面有 2 个正方形；将图（b）矩形上下边无缝粘起来卷成圆筒后，图中 18①和 18②便合成一个正方形，这时给出一个有 9 个大小不等正方形的圆柱面.〕

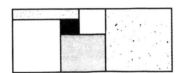 

▲ 用上左图做成一个莫比乌斯带即为一个有 5 个大小不等正方形的莫比乌斯带，它的最小阶数为 5.

3.3 铺砌问题

1875 年数学家卢卡斯（E. A. Lucas）在《新数学年鉴》征求下面问题的解答：

$$1^2+2^2+3^2+\cdots+x^2=y^2$$

仅有 $x=24$，$y=70$ 的非平凡解.

1876 年布兰克给出一个证明，次年卢卡斯指出证明中的一个漏洞.

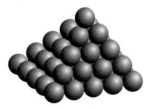

▲ 卢卡斯问题是求这种堆放球总数的完全平方数.

40 年后的 1918 年，瓦特森（Wotson）给了一个有 14 页长的证明，且动用了椭圆函数工具. 1952 年，吕格林（Lügory）将证明作了简化. 直到 1985 年，棣·莫根才给出第一初等证法. 1990 年，安格林给出一个更简洁的初等证法.

更有趣的是等式 $1^2+2^2+\cdots+24^2=70^2$ 的几何内涵. 从面积角度考虑，这让我们立刻想到用边长 1 ~ 24 的若干个正方形拼出边长 70 的大正方形问题. 结论并不让人太失望，经过努力得出一个 24 块中仅剩下一块（边长为 7）的拼法（见下图）.

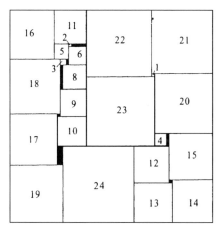

▲ 卢卡斯问题的一个近似几何解释.

下图给出的拟完美正方形是一个由 12 块正方形拼成的 80×80 的正方形，它仅差一点点就"完美"了.

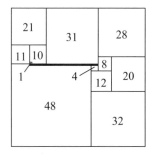

另一个例子是 9 阶完美矩形（见下图），它的边长是 32×33，也仅差一点点便是正方形.

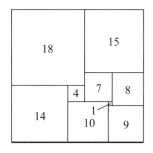

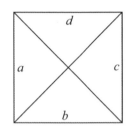

从美学角度看，上述两个 70×70 和 80×80 的拟完美正方形各有奥妙：前者在于它是由 1～24 连续整数边长的正方形中的 23 个组成（仅仅漏掉一个）；后者的缺憾是仅差一条窄缝未被覆盖.

人们研究和发现了完美矩形、完美正方形后，便将目光转移至其他完美图形——（这里"完美"之意自然是指图形裁成规格完全不一但都与自身相似的图形或指定的规则图形），比如完美正三角形、完美正 n 边形、完美平行四边形等. 人们经过努力才发现：完美三角形、完美正 n 边形均不存在（完美正方形经仿射变换可以得到完美平行四边形）*，这多少令人感到失望. 但人们并不因此而气馁，在降低了某些完美性要求之后，人们居然找到一些拟完美图形.

用带有数字的骨牌，按照某种规定砌满整个平面的问题就与"图论"有关.

比如，我们要求用有限种形如左图的骨牌（图中 a，b，c，d 为该边上的某种赋值）去布满平面，使两张骨牌在邻边赋有相同的值（不许转动或反射每张骨牌面上的四个数字）.

用下面六种骨牌可按上面要求砌满整个平面：

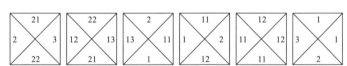

事实上，它是通过下面的 2×3 矩形（注意邻边上的数字相等）一再重复来实现的.

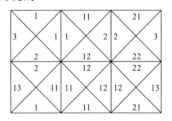

然而人们不难发现，用下面三种规格的骨牌按照上面的要求是铺不满整个平面的.

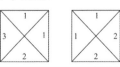

---

* 人们找到了一个完美等腰直角三角形，但其边长是无理数.

若把正放的三角形"△"的边长记为"+"，倒放的三角形"▽"的边长记为"−"，且视它们为不同的三角形的话，则下图便是一个完美正三角形，这是滑铁卢大学（University of Waterloo）的塔特在其所著《三维铺砌》一书中给出的.

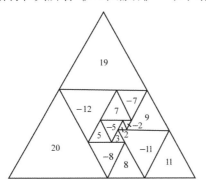

而下左图是一个按照前文所述记号将平行四边形剖分成正三角形的另类完美平行四边形.

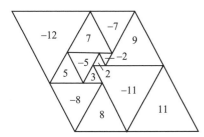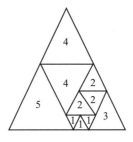

又若限定不同规格图形的种类或同一种类图形的个数，亦可得到另一类拟完美图形，比如剖分成的小正三角形种类不少于四种的拟完美正三角形，它的最小阶数（即小正三角形的个数）是 10 ［见上图（右）］. 下图是三个 11 阶的这种图形，有趣的是，它们的边长也是 11.

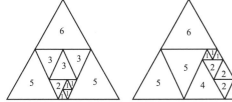
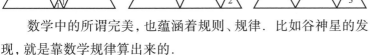

数学中的所谓完美，也蕴涵着规则、规律. 比如谷神星的发现，就是靠数学规律算出来的.

1772 年德国天文学家波德（J. E. Bode）发现了可计算太阳与行星距离的波德定律，该定律是说：若地球与太阳距离为 10，依此定律可算得当时已知行星与太阳的距离, 见下表.

行星名	水	金	地	火	木	土
与日距离	4	7	10	16	52	100

将上表下行诸数减去4后依次为

0, 3, 6, 12, 48, 96.

从谐调与规则(律)看, 12与48间还应有一数24, 即在与太阳相距为28的地方还应该有一颗行星.

1801年, 人们按照数学家们的猜测, 终于找到了这颗行星——谷神星, 它与太阳距离恰为27.7.

4. 图形表现的另类多与少

用"少"去表现"多"(这里有时指另类的多少), 或者求极大、极小等, 均是数学简洁性的另类表现.

牛顿是一位沉迷于科学研究的人, 他每天伏案工作十几个小时, 然而在艰辛的研究之余, 也常阅读和撰写一些较轻松的文字作为休息. 比如, 他曾经很喜欢下面一类题目:

9棵树栽9行, 每行栽3棵. 如何栽?

乍一看此题似乎无解, 其实不然, 看了下图(1)(图中黑点表示树的位置, 下同), 你也许会恍然大悟.

牛顿还发现: 9棵树每行栽3棵, 可栽行数的最大值不是9, 而是10, 见图(2). 图(3)给出10棵树栽10行、每行3棵的栽法. 其实, 10棵树每行栽3棵可栽的最多行数也不是10, 而是12, 见图(4).

▲ 牛顿.

▲ 刘易斯·卡罗尔为同事之女爱丽丝·李戴尔(Alice Lidell)写了著名的童话《爱丽丝漫游仙境》, 在出版时用了卡洛尔(Lewis Carroll)为笔名. 此照片就是刘易斯·卡罗尔为爱丽丝拍摄的.

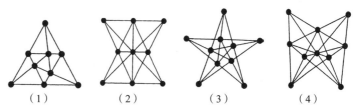

(1)   (2)   (3)   (4)

英国数学家、作家刘易斯·卡罗尔〔原名道奇森(C. L. Dodgson)〕在其童话名著《爱丽丝漫游仙境》中也提出如下的植树问题:

10棵树栽成5行, 每行栽4棵. 如何栽?

小贴士 ★

点与凸多边形

1932 年，克莱因与他的同学讨论下面一个问题：

平面上任给 5 点，若任 3 点都不共线，则必从中有 4 点可构成一个凸四边形．

可见下面三种情形：

(a) 5 点自身可构成一个凸五边形．

(b) 1 点被其余 4 点所构成的凸四边形包围．

(c) 3 点构成一个三角形，另外 3 点位于其内，过这 2 点连一条直线，则必有 2 点位于该直线一侧，此 4 点可构成一凸四边形．

麦凯（E. Makai）接着证明了：

平面上任给 9 个点，若其中任 3 点不共线的，必存在 5 个点，它们可构成一凸五边形．

人们认为 17（即 2^4+1）个点是构成凸六边形的充分条件，然而至今未能证得．

这个问题的推广情形是：

平面上有 $2^{n-2}+1$ 个点，其中任三点不共线，这些点中是否存在构成凸 n 边形的 n 个点？

（显然 $n=3$，4，5 时公式为真）

塞凯莱什（G. Szekeres）证明了：

平面上任给三点不共线的 N 个点中，存在构成凸 n 边形的点的必要条件为 $N \geqslant 2^{n-2}+1$．

此题答案据称有 300 种之众．当然，从数学的同构或等价观点看，也许就没那么多．

▲ 名著《爱丽丝漫游仙境》中"植树问题"的几种解答．

19 世纪末，英国的杜登尼（H. Dudeney）在其所著《520个趣味数学难题》中也提出了下面的问题：

16 棵树栽成 15 行，每行栽 4 棵．如何栽？

杜登尼的答案见下图（5）．

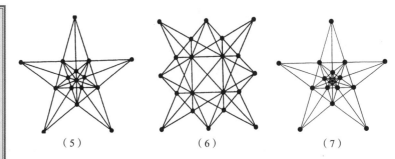

（5）　　　　　　（6）　　　　　　（7）

美国的山姆·洛伊德（S. Loyd）曾花费大量精力研究"20 棵树每行栽 4 棵，至多可栽多少行"的问题，并得出了可栽 18 行的答案，见图（6）.

几年前有人借助于电子计算机给出了上述问题可栽 20 行的最佳方案（又是五角星图案，我们至少已遇到过好几次了，这里它至少有 3 层），见图（7）.

"植树问题"没有完结，当有人发现上述问题与现代数学的某些分支有关联时，人们不得不重新审视这些问题的更深内涵. 首先，人们会考虑：

n 棵树每行栽 k 棵（$0<k \leqslant n$），至多能栽多少行？

我们希望能够找到这个与 n，k 有关的、所栽最多行数的表达式 $l(n, k)$，然而竟是意想不到的艰难.

其实，在方程、矩阵、行列式理论研究中都做过重要贡献的英国数学家西尔维斯特（J. J. Sylvester）追踪"植树问题"时，提出直线过两点命题，他曾考虑过：

任意 4 点均不共线的平面上的 n 个点，如何布置可使有 3 点同在一条直线上的直线条数最多？

显然，这是在求 $l(n, 3)$ 的表达式，为方便，将 $l(n, 3)$ 简记为 $l(n)$.

20 世纪 70 年代，德国数学家希策布鲁赫（F. Hirzebruch）在研究现代数学的一个分支——代数几何[*]中的歧点理论时惊讶地发现：这个理论与植树问题居然有关联，特别是与 $l(n)$ 的计数有联系. 其实，这类问题也属于组合数学、计算几何等数学分支.

---

[*] 代数几何是现代数学的一个重要分支学科，它的基本研究对象是在任意维数的空间中，由若干代数方程的公共零点所构成集合的几何特性.

n 与 l(n)

至于其他的一些 n 值，人们仅仅知道 l(n) 的上、下界，比如：

n	13	14	15	17	18	19	20	21	22	23	24	25
l(n) 的下界	22	26	31	40	46	52	57	64	70	77	85	92
l(n) 的上界	24	27	32	42	48	54	60	67	73	81	88	96

一般地，人们仅证得下面的结果：

$$\left\lfloor \frac{1}{3}\left(\frac{n(n-1)}{2} - \left\lceil \frac{3n}{8} \right\rceil\right)\right\rfloor \geq l(n) \geq \left\lfloor \frac{n(n-6)}{6} \right\rfloor + 1.$$

这里「x」表示不超过 x 的最大整数（又称下取整），而「x」表示不小于 x 的最小整数（又称上取整）。上述不等式右端，是 1868 年由西尔维斯特给出的。

1974 年，布尔（G. Boole）等猜测，除 $n=7, 11, 16, 19$ 外，一般可有：

$$l(n) = \left\lfloor \frac{n(n-3)}{6} \right\rfloor + 1.$$

然而，这一点至今尚未被人们证得。

然而，遗憾的是，至今人们未能给出 $l(n)$ 的表达式，不过对于 $3 \leq n \leq 12$ 和 $n=16$ 的情形，人们已给出确切的答案：

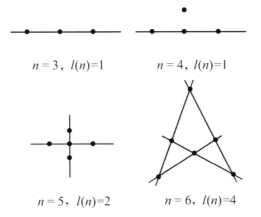

$n=3$，$l(n)=1$　　　　$n=4$，$l(n)=1$

$n=5$，$l(n)=2$　　　　$n=6$，$l(n)=4$

$n=9,10$ 的情形我们前面已给出图标。

$$n=11 \text{ 时，} l(n) = 16;$$
$$n=12 \text{ 时，} l(n) = 19;$$
$$n=16 \text{ 时，} l(n) = 37.$$

与栽树问题相关联的（或类似的问题），还有砝码配置问题、省刻度尺问题等。

数学大师欧拉，他曾研究过天平砝码最优（少）配置问题，

符号 $\lfloor x \rfloor$ 称为 x 的底或下取整，表示不超过 x 的最大整数；符号 $\lceil x \rceil$ 称为 x 的顶或上取整，表示不小于 x 的最小整数；符号 $[x]$ 即 $\lfloor x \rfloor$ 之意是数学王子高斯首创的，故称其为**高斯函数**。

平面、空间剖分

平面上 n 条直线最多可将平面分成 $\frac{1}{2}(n^2+n+2)$ 份。

空间中 n 个平面最多可将空间分成 $\frac{1}{6}(n^3+5n+6)$ 份。

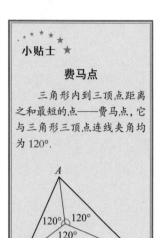

小贴士 ★

费马点

　　三角形内到三顶点距离之和最短的点——费马点,它与三角形三顶点连线夹角均为120°。

并且证明了:

　　若有 1,2,2^2,2^3,…,2^n 克重的砝码,只允许其放在天平的一端,利用它们可称出 $1 \sim 2^{n+1}-1$ 之间任何整数克重物体的质量.

　　这个问题其实与数的"二进制"有关.进而,欧拉还证明了(它与数的"三进制"有关):

　　有 1,3,3^2,3^3,…,3^n 克重的砝码,允许其放在天平两端,利用它们可以称出 $1 \sim (3^{n+1}-1)/2$ 之间任何整数克重物体的质量.

　　这也让我联想起人民币的币值设计,分币有一分、二分、五分;角币有一角、贰角、伍角;元币有一元、贰元、五元、十元、贰拾元、伍拾元、壹佰元,这种设计一是节省、二是方便(某些食堂饭票设计也是循此方式),它们与进制无关.

　　前文已有了解,"省刻度尺"问题尽管人们尚未对此得出一般结论,但就目前仅有的结果足以使人倍感兴趣:

　　一根 6 cm 长的尺子,只需刻上两个刻度(在 1 cm 和 4 cm 处)就可量出 $1 \sim 6$ 之间任何整数厘米长的物体长(以下简称其为"完全度量").

　　若用 $a \to b$ 表示从刻度 a 量到刻度 b 的话,那么具体度量如下:

　　1 cm($0 \to 1$),　2 cm($4 \to 6$),　3 cm($1 \to 4$),

　　4 cm($0 \to 4$),　5 cm($1 \to 6$),　6 cm($0 \to 6$).

　　一根 13 cm 长的尺子,只需在 1 cm,4 cm,5 cm,11 cm 四处刻上刻度,便可完成 $1 \sim 13$ cm 的度量(整数度量).

　　而 22 cm 的尺子,只需在 1 cm,2 cm,3 cm,8 cm,13 cm,18 cm;或者 1 cm,4 cm,5 cm,12 cm,14 cm,20 cm 六处刻上刻度,可完成 $1 \sim 22$ cm 的完全度量(英国游戏数学家杜登尼发现).

★ ★ ★ ★ ★
小贴士 ★

节省的完美标号

与"省刻度尺"相关的问题还有图论中的"完美标号"问题. 它们是类同问题的不同叙述（表现）而已.

比如平面上有六个点 A, B, C, D, E, F, 请你设计一种点与点间的距离关系，使得其中某两点间沿线距离可取得 $1 \sim 15$ 的全部整数. 请看下图：

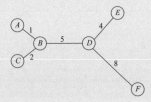

$A \to B$: 1（表示 A 到 B 沿线距离为 1，下同）；
$C \to B$: 2；
$A(\to B) \to C$: 3；
$D \to E$: 4; $B \to D$: 5；
$A(\to B) \to D$: 6；
$C(\to B) \to D$: 7；
$D \to F$: 8; $B(\to D) \to E$: 9；
$A(\to B \to D) \to E$: 10；
$C(\to B \to D) \to E$: 11；
$E(\to D) \to F$: 12；
$B(\to D) \to F$: 13；
$A(\to B \to D) \to F$: 14；
$C(\to B \to D) \to F$: 15.

四、曲线，大自然的写真

> 自然几乎不可能不对数学推理的美抱有偏爱.
>
> ——杨振宁
>
> 每个人都知道曲线是什么，但是他如果学习了很多数学，反而会被无数的例外情况搞糊涂.
>
> ——克莱因

▲ 福建圆形土楼剖面.

1. 奇妙的曲线

在自然界及现实生活中，真正的直线（几何定义的那种）少之又少，而曲线则随处可见.

地球上乃至地球之外的一切都深深吸引着人类，对未知的探索让人类的生命充满了意义. 下面的"宇宙中最小的生物群"的图片，揭开了我们不曾涉及的世界的另一面：即使是最小的生态系统群也是丰富多彩的. 图片展示了生物的多样性（它们仅仅是在一立方英尺*的珊瑚礁

---

* 1 立方英尺 =0.0283168 立方米.

里找到的.）的同时，也展示了自然界中的诸多曲线——奇妙的曲线.

1.1　圆是最美的图形

圆也是人类最早认识的图形之一，自然界的太阳和满月都是圆形的，彩虹等都是圆的一部分……圆的线条明快、简练、均匀、对称. 诗人但丁曾赞美道：“圆是最美的图形.”

毕达哥拉斯学派认为：正是圆的概念而不是它的任何具体表象，是纯粹和永恒的. 我国思想家墨子的《墨经》中，已给出圆的完满定义：“圆，一中同长也.”

▲ 我国砖刻上的圆.

圆有许多奇妙的性质，这一点在平面几何中已有详细的介绍和深入的研究. 这在某种程度上是基于圆的完美与简洁. 其实圆也是一个最完美的对称（轴对称和中心对称）图形.

近代数学研究还发现圆的等周极值性质：

在周长给定的封闭图形中，圆所围的面积最大.

▲ 星球看上去是圆的，它给人们力量、简洁和完美的感受.

从古至今，人们对圆有着特殊的亲切情感，都是因为圆的简洁和美妙. 古钱币、徽章、某些图案设计中，皆可找到圆.

数学中人们对于简洁的追求永无止境：建立公理体系时人们试图找出最少的几条，无论是欧几里得几何还是集合论，其公理体系都是力图摒弃任何多余的赘物；人们力求命题的证明严谨、简练，因而对某些命题的证明不断地在改进；计算的方法尽量便捷、明快，因而人们不断地在探索计算方法的创新. 总之，数学拒绝烦冗.

正如数学家牛顿所说：数学家不但更容易接受漂亮的结果，

▲ 犰狳是唯一依靠重力形成球形甲团滚动的动物. 穿山甲和蹼趾火蜥蜴也可以停下来蜷缩成团滚动.

不喜欢丑陋的结论，而且他们也非常推崇优美与雅致的证明，而不喜欢笨拙与繁复的推理.

▲ 传说阿基米德正在全神贯注地画几何图，一名罗马士兵闯了进来，阿基米德疾声喝道："别动我的圆！"士兵用利剑刺杀了阿基米德.

▲ 阿基米德在研究几何问题.

机械设计领域的"莱洛三角形"，其生成也与圆有关.

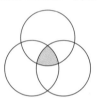

由三个等圆相交的公共部分构成一个圆弧三角形——莱洛三角形，它在机械设计上甚为有用.

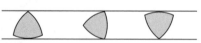

莱洛三角形可以在两条平行线间滚动

与圆有关的图形还有很多，比如圆锥、圆柱、球……与圆有关的数学命题，更是不胜枚举.

古希腊学者阿基米德死于进攻西西里岛的罗马士兵之手。人们为纪念他，便在其墓碑上刻上"球内切于圆柱"的图形，以纪念他发现"球的体积和表面积均为其外切圆柱体积和表面积的三分之二"这一定理.

▲"冰圈"中的圆. 据英国《每日邮报》报道，英国于2009年年初首次出现了罕见的"冰圈"现象.

"冰圈"现象在全球非常罕见，通常只发生在北极、斯堪的纳维亚半岛、加拿大等地区.

在河面的拐角处，加速流动的水会产生一种被称为"旋转剪切"的力量，将冰块切断，然后冰块缓慢旋转. 被切断的冰块和周围的冰块相互摩擦，最终形成一个（正）圆形.

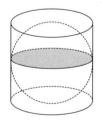

▲ 球内切于圆柱示意图.
（球的体积等于其外切圆柱体积的三分之二）

把一些重要或知名的数字写成一个圆的螺线形（且由大到小螺旋式顺时针描绘），这种图形常会是令人赏心悦目的（见下图）.

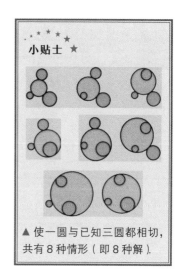

▲ 1994 年由一些破译密码志愿者组成的小组成功破译了一个有 128 位数字的密码，密码破译后译为："The magic words are squeamish ossifrage"（意为"魔术的语言是易受惊吓的髭兀鹰"），人们把这个数写成一个似乎圆形的螺线形状，且数字字体从大渐次变小排列，新颖且极富动感.

我们知道：平面上与单位圆（半径为 1 的圆）相切的单位圆最多只能有 6 个，它的证明不难，见下图. 当人们将问题推广到空间情形时，却遇到了麻烦.

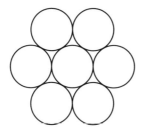

▲ 一个圆可与 6 个等圆彼此相切.

1694 年英国天文学家格雷戈里（J. Gregory）在与牛顿讨论天空中星体分布时猜测：

一个单位球（半径为 1 的球）可与 13 个单位球相切.

而牛顿则认为这个数目应是 12.

▲行星绕行轨迹.

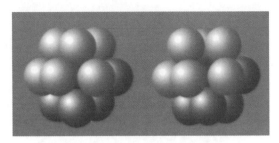

▲一个单位球实际上只能与12个单位球相切.

大约260年后（1953年），德国数学家许特（K. Schutte）和荷兰数学家瓦尔登（Van der Waerden）给出"单位球至多可与12个单位球相切"的严格论证.

1.2 从圆锥中截出的曲线

我们知道：一条动直线绕轴（定直线）等角地旋转一周（或视为绕圆一周）可以产生圆锥面.

▲顽皮的小海豚旋转着圆形的水环，使其变大或变小.

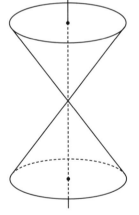

▲动直线绕轴等角地旋转产生的圆锥面.

▲不同图形绕定直线旋转可产生不同的几何体.

约公元前300年，希腊数学家阿波罗尼奥斯（Apollonius）用平面去截对顶圆锥时，因平面位置（方向）不同，可得到如下三种曲线：椭圆、抛物线、双曲线.

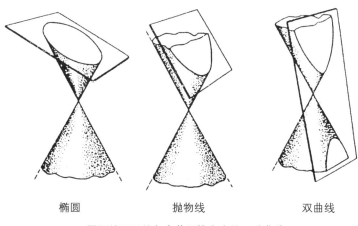

椭圆　　　抛物线　　　　双曲线

▲平面从不同的角度截圆锥产生的三种曲线.

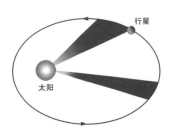

▲ 行星绕日运动轨迹是椭圆.
开普勒关于天体运动的三大
定律，是世界上第一次用数
学公式描述天体运动的定律.
(1) 行星在椭圆轨道上绕太
阳运动，太阳在此椭圆的一
个焦点处；
(2) 从太阳到行星的矢径在相
等的时间内扫过相同的面积；
(3) 行星绕太阳公转周期的
平方与其椭圆轨道半长轴的
立方成正比.

　　法国数学家笛卡儿将代数方法用于几何学研究，创立了解
析几何学，从而圆锥曲线有了在直角坐标系下的标准形：

$$\frac{x^2}{a^2} + \frac{y^2}{b^2} = 1 （椭圆），$$

$$y^2 = 2px \quad （抛物线），$$

$$\frac{x^2}{a^2} - \frac{y^2}{b^2} = 1 （双曲线）.$$

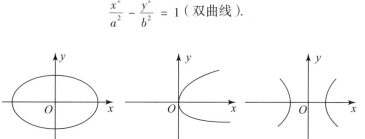

$$\frac{x^2}{a^2}+\frac{y^2}{b^2}=1 \qquad y^2=2px \qquad \frac{x^2}{a^2}-\frac{y^2}{b^2}=1$$

▲圆锥曲线的数学表达式和直角坐标系下的图像.

　　曲线的性质和用途这里不多介绍，让人感到奇妙的是：它
们的同"根"——都来自平面截圆锥.

　　同"根"性的另一解释是解析几何课程中的圆锥曲线在极
坐标系下的统一方程：

$$\rho = \frac{ep}{1 - e\cos\theta},$$

其中离心率 $e<1$ 时，表示椭圆；$e=1$ 时，表示抛物线；$e>1$ 时，
表示双曲线（p 为焦点参数）.

更为奇妙的是, 圆锥曲线与物理学中的三个宇宙速度问题也有联系: 当物体运动分别达到该速度时, 它们的轨道便是相应的圆锥曲线（大自然同大数学家一样, 总是以同等重要性把理论与应用统一起来）.

速度	第一宇宙速度	第二宇宙速度	第三宇宙速度
轨道	椭圆	抛物线	双曲线

1.3　植物与数学方程

数学不仅能解释自然, 仿效自然, 而且能描述自然.

很久以前数学家们就注意到某些植物的叶、花形状与一些封闭曲线非常相似.

17 世纪, 笛卡儿发明了坐标法, 这使他得到了富有诗意和数学美感的笛卡儿曲线, 其方程是

$$x^3 + y^3 = 3axy.$$

尔后, 有人利用上述方程去描述花的外部轮廓, 这些曲线称为 "玫瑰形线", 在极坐标系下方程为 $\rho = a\sin k\varphi$, 其中 a 和 k 为给定的正的常数. k 的取值不相同时, 得到花瓣数不一样; a 的大小确定花瓣的长短.

比如, 酸模、睡莲、三叶草、常春藤等植物叶子的数学方程式分别见下表:

植物名称	叶子的数学方程式
酸模	$\rho = 4(1 + \cos3\varphi - \sin^2 3\varphi)$
三叶草	$\rho = 1 + \cos3\varphi + 1.5\sin^2 3\varphi$
睡莲	$(x^2 + y^2)^3 - 2ax^3(x^2 + y^2) + (a^2 + r^2)x^4 = 0$
常春藤	$\rho = 3(1 + \cos^2\varphi) + 2\cos\varphi + \sin^2\varphi - 2\sin^2 3\varphi\cos^4\dfrac{\varphi}{2}$

三叶草. 睡莲.

三叶草的数学描述. 常春藤.

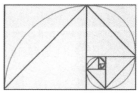

▲ 矩形不断地进行正方形剖分（裁成大小不等的正方形），亦可生成螺线.

▲ 鹦鹉螺.
它们的外形，均蕴涵螺线，这也是螺线名称的由来.

1.4 生命与螺（旋）线

螺线，顾名思义，是一种貌似螺壳的曲线.

"螺线"也是一种引起人们极大兴趣和关注的曲线，不仅在于它本身的许多奇妙性质，还有它与其发现者之间诸多动人的故事.

翻开数学史你会发现：不少数学家生前曾为数学奉献了毕生的精力与智慧，他们的墓碑仍倾述着对数学的执着以及他们与数学的不解之缘.

阿基米德的墓碑上刻着"球内切于圆柱"的图形，而为之竖立该墓碑的正是曾带领士兵围攻叙拉古的罗马军队统帅塞拉斯.

除此之外，高斯、鲁道夫（C. Rudolph）、雅各布·伯努利（J. Bernoulli）……的碑文，均以不同形式体现了他们对于数学的无限崇敬与热爱.

伯努利家族系瑞士巴塞尔的数学世家，其祖孙四代人中出现了几十位数学家，其中雅各布·伯努利对螺线进行了深刻的研究. 他谢世后，人们遵照其遗嘱在他的墓碑上刻了一条对数螺线，旁边还写道：

小贴士

海螺曲线

1917 年，汤姆森发现海螺的螺旋结构可用半径 r 的对数与角度 φ（球坐标下）呈线性关系（在以 $\ln r$ 为横坐标，φ 为纵坐标的坐标系中）的简单数学公式

$$r = 1.3^\varphi \sin\theta$$

表示.

▲ 雅各布·伯努利墓碑上的螺线.

▲ 位于哥廷根的高斯墓碑.

　　虽然改变了，我还是和原来一样（Eadem mutaia resurgo）！

　　这句话既刻画了对数螺线的性质，也暗示了主人对数学的热爱，是一句双关语，成为数学史上的一段佳话，亦是数学之美的绝好范例.

　　这句幽默的话语，既体现了数学家对螺线的偏爱，也暗示了螺线自身的某些奇妙性质.

　　高斯自从发现可用直尺和圆规画出正十七边形后，就放弃了学文而献身数学，后来成为伟大的数学家. 他在遗嘱中交代后人为他建造一座以正十七边形棱柱为底座的墓碑.

　　1989 年 7 月，在布伦什维克举办了第 30 届国际数学奥林匹克竞赛，把环绕高斯肖像的正十七边形作为其会徽.

　　16 世纪德国莱顿（现属荷兰，当时属德国）数学家鲁道夫把圆周率算到小数点后 35 位，后人称之为鲁道夫数. 他死后人们便把这个数刻在他的墓碑上. 当时在他的墓碑上就刻着：

$$\pi = 3.14159265358979323846264338327950288.$$

　　解析几何的创立者笛卡儿最先给出螺线的解析式，即在极坐标下：

$$\rho = a\theta \text{（阿基米德螺线）},$$
$$\rho = e^{a\theta} \text{（对数螺线）}.$$

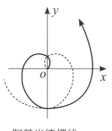

阿基米德螺线

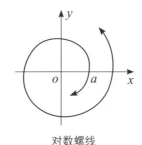

对数螺线

上面这些螺线都是平面的，螺线还有其空间形式，比如：

一个停在圆柱表面 A 处的蜘蛛，要扑食落在圆柱表面 B 处的一只苍蝇，蜘蛛所选择的最佳路径，便是圆柱上的一条螺线；蝙蝠从高处飞下，却是按另一种空间螺线——锥形螺线路径飞行的.

螺线的有趣性质还有：螺线上任一点处的切线与该点到螺线中心（极点）的连线夹角为定值. 再如，无论把对数螺线放大或缩小多少倍，其形状均不改变（正如把角放大或缩小多少倍，角的度数不会改变一样，结果总是得到与原曲线形状一样即全等的对数螺线，不同的仅是位置变化而已）. 这大概正是伯努利墓碑上那句耐人寻味的话语的含义.

英国科学家柯克尔（E. Cocker）在研究了螺线与某些生命现象的关系后，曾感慨地说："螺线——生命的曲线."这句话的道理在哪里？

蜗牛或一些螺类的壳，外形呈螺线状；绵羊的角，蜘蛛的网呈螺线结构；菠萝、松果的鳞片排列，向日葵花盘上籽的排列是按螺线方式；攀附在直立枝秆上的蔓生植物（如牵牛、菜豆、藤类），其蔓茎在枝秆上是绕螺线攀缘；植物的叶在茎上排列，也呈螺线状（无疑这对植物采光和通风来讲都是最佳的）；还有，人与动物的内耳耳轮，也有着螺线形状的结构，这从听觉系统传输角度讲是最优形状；DNA 的排列，也呈螺线状……

顺便讲一下：植物生长除了与螺线有关外，还与前文介绍的斐波那契数列 1，1，2，3，5，8，13，21，…有关. 比如蓟花，当花瓣被重点标出后呈现下面图景：

▲ 完全用直线画的图.

▲ 菠萝.

▲ 松果.

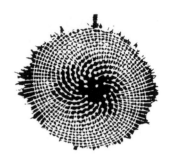

▲向日葵及其螺线示意图.

由上可见"螺线是生命的曲线"的话语总结得恰如其分、惟妙惟肖.

螺线也被广泛应用于生活的方方面面,最常见的螺钉,上面的镗线正是一条条螺线. 机械上的螺杆、日常用品的螺扣也均刻有螺线. 在航海上螺线也有应用. 比如要追逐海上试图逃逸的目标时,按照螺线路径追逐为最捷. 另外,事物的发展规律也常常以"螺线式"为比喻,如经济以螺旋式上升等. 可见螺线不仅是生命的曲线,它也是生活的曲线!

▲螺钉、螺杆图.

沃森(J. D. Watson)和克里克(F. H. C. Crick)发表在1953年4月的英国《自然》杂志上的文章《核酸的分子结构——脱氧核糖核酸的结构》,阐明了 DNA 分子的双螺旋结构,揭开了遗传之谜,从此遗传学研究进入分子水平. 他们因此项研究获得了1962年诺贝尔生理学或医学奖.

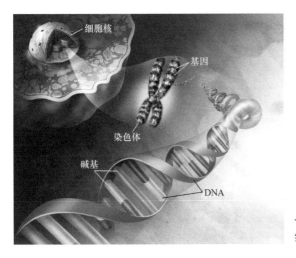

◀DNA 的双螺旋结构示意图.

北京大学杨辛教授用投影几何方法将双螺旋线和横杠与五角星连起来，彰显 DNA 与黄金分割之关系.

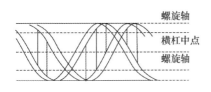 

▲DNA 与黄金分割的关系.

杨辛将沃森的模型在平行于螺旋主轴的侧面投影（上图左），然后画出其在与螺旋轴垂直平面上的投影，再将图中横杠（碱基）偶数号的中点连起来，即得五角星图（上图右）.

科学家们试图解释这种排布时发现其与植物原基有关. 1992年法国数学物理学家杜阿迪（A. Douady）和库代（Y. Couder）为此创立了一门新的学科——植物生长动力学.

他们研究发现：植物的叶原基沿一个很紧密盘绕的螺线（生成螺线）十分稀疏地相间排列；而且叶原基之间的夹角恰是 $137°28'$（在第二章 2.1 节已有叙述），这个角恰是我们前面介绍过的黄金分割角（将圆周分成 $1:0.618\cdots$ 的两半径的夹角），这样原基可以最有效地挤在一起. 比如，果实粒按两条螺

正态分布

数学宇宙从我们周围世界中生长出来,现实世界将成为线索,成为出发点.

正态分布是这样定义的:当随机变量 X 的密度 $f(x)$ 为

$$f(x) = \frac{1}{\sigma\sqrt{2\pi}}\exp\left[-\frac{(x-\mu)^2}{2\sigma^2}\right],\ \sigma > 0$$

时,称随机变量 X 具正态分布.

若考虑变换: $Y = \dfrac{X-\mu}{\sigma}$,由此得到标准正态分布的密度函数:

$$f(y) = \frac{1}{\sqrt{2\pi}}\,\mathrm{e}^{-\frac{y^2}{2}}$$

这里 μ 是随机变量 X 的数学期望; σ 是 X 的标准差. 一个正态分布的密度曲线的形状(胖瘦)与 σ 的值有关.

下图中的三条正态曲线有同样的数学期望 $\mu=0$,但具有不同的标准差 $\sigma=1$, $\sigma=0.5$ 及 $\sigma=0.25$.

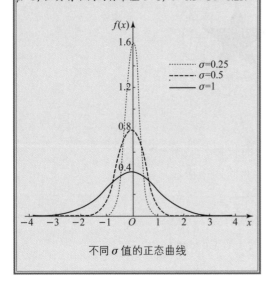

不同 σ 值的正态曲线

线分布时,这是使它们紧密而不会留下空隙的唯一角度. 植物叶子在茎上的分布俯视投影时,也往往能发现这个角度,这样利于叶子的通风和采光.

他们还指出:原基在生成螺线上要想最有效地填满空间,那么这些原基间的夹角应是 360° 的无理数倍.

1.5 逻辑斯谛曲线与正态分布

在研究人口模型、生物种群增长、广告效应乃至数据处理中,皆有逻辑斯谛曲线的身影. 它与概率论中一种重要分布——正态分布之间有着微妙的联系(见下图).

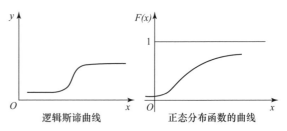

从上图可见,正态分布的分布函数竟与逻辑斯谛曲线是如此的相似. 这也从数学层面诠释了为何逻辑斯谛曲线在自然科学与社会科学领域是如此的普适. 比如,教师常可据考试成绩的分布情况,判断教学效果、试题难易等指标.

又如,广告投资与广告效应并非成正比,这对不少广告投放商来讲并非显然的事实,其实它们之间的关系是符合逻辑斯谛曲线描述规律的.

从下图中可见：广告投入不足，广告效应不佳；广告投入恰当，广告效应迅速扩大；但广告投入到达一定数量后，广告效应增加不再明显.

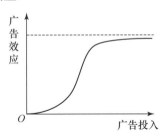

▲广告效应曲线近似于逻辑斯谛曲线

2. 怪异曲线引出的数学分支——分形

数学家的眼光是聪慧、敏锐的，他们不但善于捕捉那些看得见的现象，同时也能发掘某些现象背后的奥秘，甚至是极深层次的，特别是那些看上去令人费解和困惑的东西. 他们善于捕捉这些看上去不可思议的"怪物"且将它们加以驯化，从而得到新的理论去解释它们.

悖论是数学中的一种不和谐，但自然界是和谐的，因而数学中的这些不和谐必有其原因.

自然界的万物可谓五花八门、千姿百态，但像传统几何所描绘的平直、光滑的曲线堪称少之又少. 无论是起伏跌宕的地貌、弯曲迂回的河流，还是参差不齐的海岸、光怪陆离的山川；无论是袅袅升腾的炊烟、悠悠漂泊的白云，还是杂乱无章的粉尘飘移、无规则运动的分子的轨迹……所有这一切，传统几何已无力描绘，人们需要新的数学工具.

微积分发明之后，数学家们为了某种目的而臆造的曲线，长期以来一直视为数学中的"怪胎"（从和谐与否角度看），如构造连续但不可微函数、周长无穷所围面

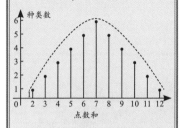
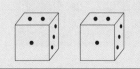

积为零的曲线等. 然而这一切却被慧眼识金的数学家视为珍宝. 从某些角度考虑它们又真的被看成数学中的"美". 人们将它们经过加工、提炼、抽象、概括而创立了一门新的数学分支——分形.

20世纪60年代英国《科学》杂志刊载了法国数学家芒德布罗（B. B. Mandelbrot）的文章《英国海岸线有多长?》. 这个看似不是问题的问题，仔细回味后却会令人大吃一惊：试想，除了能给出如何估算的方法性描述外却无肯定的答案——海岸线长会随着度量标度（或步长）的变化而变化.

  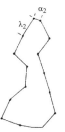 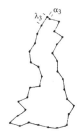

▲海岸线测量示意图.

因为人们在测量海岸线长时（注意它是一条不规则曲线），总是先假定一个标度，然后用它沿海岸线步测一周得到一个多边形，其周长可视为海岸线的近似值：显然由于标度选取的不同，海岸线长的数值不一，且标度越细密，海岸线数值越大.

确切地讲，当标度趋向于0时，海岸线长并不趋向于某个确定的值而会变得无穷大（无穷不是数，而是一个极限过程）.

其实，数学中这类问题在许多年前已为人们所研究，只是少有人去深思它.

2.1　雪花曲线

人们常用"雪飞六出"来描述雪花的形状，这是由于它们在结晶过程中所处环境不同所致. 用放大镜仔细观察六角雪花会发现，它并非一个简单的六角星形，它会有如下图的形状和面貌（这一点在"对称"一节亦有述）.

▲分形图示例.

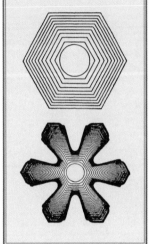

　　其实，早在 1906 年，瑞典数学家科赫（H. von Koch）在研究构造连续而不可微函数时，已提出了如何构造能够描述雪花的曲线——科赫曲线.

　　将一条线段去掉其中间的 1/3，然后用等边三角形（边长为所给线段长的 1/3）的两条边去代替，不断重复上述步骤可得科赫曲线.

▲科赫曲线.

　　如果将所给线段换成一个等边三角形，然后在等边三角形每条边上实施上述变换，便可得到科赫雪花图案：

▲科赫.

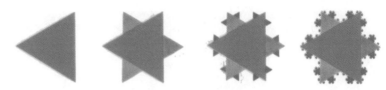

▲科赫雪花.

这是一个极有特色的图形,如果假定原等边三角形边长为 a,则可算出上面每步变换后的科赫雪花的周长和它所围面积分别是:

周长:$3a$,$\dfrac{4}{3} \cdot 3a$,$\left(\dfrac{4}{3}\right)^2 \cdot 3a$,$\cdots \rightarrow \infty$;

面积:$S = \dfrac{\sqrt{3}}{4}a^2$,$S + \dfrac{4}{9}S$,$S + \dfrac{4}{9}S + \left(\dfrac{4}{9}\right)^2 S$,$\cdots \rightarrow \dfrac{2\sqrt{3}}{5}a^2$.

这就是说:科赫雪花不断实施变换"加密",其周长趋于无穷大,而其面积却趋于定值.

2.2　康托集

数学中可以产生上述怪异现象的例子由来已久,集合论的创始人康托(G. Cantor)为了讨论三角级数的唯一性问题,于1872 年曾构造一个抽象、奇异的集合——康托集.

将一个长度为 1 的线段三等分,然后去掉其中间的一段;再将剩下的两段分别三等分后,各去掉中间一段,如此下去,将得到一些离散的细微线段的集合——康托集(又称康托粉尘集).

▲康托集.

▲康托.

这个集合的几何性质难以用传统术语描述:它既不是满足某些简单条件的点和轨迹,也不是任何简单方程的解集.

康托集是一个不可数的无穷集合,然而它的大小不适于用通常的测度(长度、面积、体积等)来度量,而且康托利用十进制、二进制、三进制来描述他的集合中的元素时发现:该集合中留下的点与 [0,1] 区间上的点一样多(一一对应).然而康托集中的点的"长度和"为 0，这看上去似乎有点荒唐.

2.3 皮亚诺曲线

在我们通常的认识中，点是零维的、直线是一维的、平面是二维的、空间是三维的等（这是由确定它们的最少坐标个数而定）. 但是 1890 年意大利数学家、逻辑学家皮亚诺（G. Peano）却构造了能够填满整个平面的曲线——皮亚诺曲线，具体的构造可见下图：

▲ 皮亚诺曲线.

▲ 皮亚诺.

这显然也是一条"怪异"的曲线：它本身是一条曲线（故面积为 0），但却可以填满一个正方形（它的面积显然不为 0）.

2.4 谢尔品斯基衬垫、地毯、海绵

1915 年，波兰数学家谢尔品斯基（W. Sierpinski）也制造出两件绝妙的"艺术品"——衬垫和地毯.

把一个正三角形均匀分成四个小正三角形，挖去其中间一个，然后在剩下的三个小正三角形中分别再挖去各自四等分时的中间一个小正三角形，如此下去可得到谢尔品斯基衬垫：

▲ 谢尔品斯基衬垫.

容易看到：无论重复多少步总剩下一些小的正三角形，而这些小正三角形的周长和越来越大而趋于无穷，它们的面积和却趋于 0（看上去三角形被掏空了）.

从某种意义上讲，上述衬垫实际上是康托粉尘集在二维空间的拓广.

此外，谢尔品斯基还用类似的方法构造了谢尔品斯基地毯.

▲ 基于谢尔品斯基衬垫的金字塔——谢尔品斯基衬垫的三维图形.

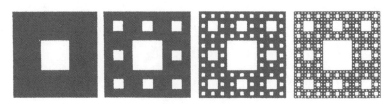

▲ 谢尔品斯基地毯.

　　将一个正方形九等分，然后挖去其中间的一个；再将剩下的八个小正方形各自九等分后分别挖去其中间的一个小正方形；重复上面的步骤……人们称由此得到的图形（集合）为谢尔品斯基地毯. 同样，它的面积趋于 0，而线的长度趋于无穷大.

　　接着，谢尔品斯基又将它的"杰作"拓广推向了三维空间：

　　将一个正方体每个面九等分，这样整个正方体被等分成 27 个小正方体，挖去体心与面心处的七个小正方体；然后对剩下的 20 个小正方体中的每一个实施上述操作，如此下去……人们把这个千"窗"百孔的正方体（它正像人们常见的海绵）称为谢尔品斯基海绵. 它的表面积为无穷大，而它的体积趋于 0.

▲ 谢尔品斯基海绵.

2.5 分数维

　　以上我们已经罗列了数学中种种"病态怪物"，你也许除了惊异外不会想到它们的另一面：共性的一面，认识它、把握它便会孕育出数学的新概念.

　　芒德布罗在《自然界的分形几何》一书中第一次完整地给出"分形"及"分数维"的概念［后者最早由德国数学家豪斯多夫（F. Hausdorff）于 1919 年提出，他认为空间维数可以连续变化，不仅可以是整数，也可以是分数］，同时提出分数维数的定义和算法，这便诞生了一门新的数学分支——分形几何.

▲ 德国数学家豪斯多夫.

▶芒德布罗 2006 年在巴黎综合理工学院讲座.

如前所述，我们通常把能够确切描述物体的坐标个数称为维数，如点是零维的、直线是一维的、平面是二维的……

那么，分数维数如何定义呢？这里以科赫曲线为例说明一下.

比如求相似维数（当然还有其他维数，比如豪斯多夫维数、容量维数等）是这样定义的：若某图形是由 a^D 个全部缩小至 $1/a$ 的相似图形组成的，则 D 被称为相似维数.

对于科赫曲线，经过计算可得，$D=\dfrac{\ln 4}{\ln 3}\approx 1.2619$ 就是科赫曲线的（相似）维数.

仿上，我们可计算出前述诸图形（集合）的相似维数（见下表）.

曲　　线	相似维数 D
康托集	0.6309
科赫曲线	1.2619
皮亚诺曲线	2
谢尔品斯基衬垫	1.5850
谢尔品斯基地毯	1.8928
谢尔品斯基海绵	2.7258

从表中我们容易想象出：维数为 $1 \sim 2$ 的曲线维数表示它们弯曲程度和能填满平面的能力；$2 \sim 3$ 维曲面维数表现它们的复杂程度和能够填满空间的能力.

分形几何从创立到现在不长的时期里已展现出其美妙、广阔的前景，它已在数学、物理、天文、生化、地理、医学、气象、材料乃至经济学等诸多领域均有广泛应用，且取得异乎寻常的成就，它的诞生使人们能以全新的视角去了解自然和社会，从而成为当今最有吸引力的科学研究领域之一.

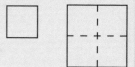
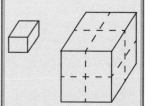

公元前 300 年, 欧几里得几何

1637 年, 解析几何、非欧几何萌芽

1639 年, 射影几何

1736 年, 拓扑学

1829 年, 双曲几何

1854 年, 椭圆几何

20 世纪 70 年代, 分形几何

▲ 各种几何创生的历程示意图.

五、抽象，数学的灵魂

> 数学的力量是抽象的，但是抽象只有在覆盖了大量特例时才是有用的.
>
> ——伯斯
>
> 数学是上帝用来书写宇宙的文字.
>
> ——伽利略

1. 简洁是数学抽象的表现形式

华罗庚教授说过：宇宙之大，粒子之微，火箭之速，化工之巧，地球之变，生物之谜，日用之繁，无处不用数学.

真理愈是普适，它就愈加简洁. 简洁本身就是一种美，数学之所以用途如此之广，概因数学的首要特点在于它的简洁.

数学家莫德尔（L. J. Mordell）说："在数学里美的各个属性中，首先要推崇的大概是简单性了."

恩格斯也说过："数学是研究现实中数量关系和空间形式的科学."

数学虽不研究事物的质，但任一事物必有量和形，这样两种事物如有相同的量和形，便可用相同的数学方法，因而数学必然也必须抽象.

在数学的创造性工作中，抽象分析是一种常用的重要方法，这是基于数学本身的特点——抽象. 数学中不少新的概念、新的学科、新的分支的产生，是通过"抽象分析"得到的.

▲ 生动而简洁的毕加索素描画作《和平的面容》.

★☆★★ ★
小贴士 ★

人类活动与数学分支

美国数学家麦克莱恩认为：数学起始于涉及人类一般经验中的组合规律和符号表示的谜题和问题。同时他开列出人类的某些活动或多或少直接导致数学中相应分支的产生：

计数：算术和数论。

度量：实数，演算，分析。

形状：几何学，拓扑学。

造型：对称性，群论。

估计：概率论，测度论，统计学。

证明：逻辑。

运动：力学，微积分，动力学。

计算：代数，数值分析。

谜题：组合论，数论。

分组：集合论，组合论。

当数学家的思想变得更抽象时，他会发现越来越难于用物理（现实）世界检验他的直觉。为了证实直觉，就必须更详细地进行证明，更细心地下定义，以及为达到更高水平的精确性而进行的持续努力，这样做也使数学本身得以发展了。

数学的简洁性在很大的程度上是源自数学的抽象性，换句话说：数学概念正是从众多事物共同属性中抽象出来的。而对日益扩展的数学知识总体进行简化、廓清和统一化时，抽象更是必不可少的。

前文已述符号使数学具备特有的美感，不断创新、完善的数学符号体系，它有时比象形的汉字更具魅力与诱惑。

恰当而巧妙地运用符号去简化所要考虑的问题，客观上也为数学符号的创立提出某些启示（甚至方向）。为了更好地研究数学，人们必须创造且使用数学符号。

数学符号的发明和使用，确实经过了漫长的过程（而时至今日，这个过程仍在继续），这里面由于人们审美观念（当然包括使用上的方便、简洁）的变化，使得数学符号本身也不断地在变化——直至它们被世人所接受。虽然它发展成今天的符号系统尚不完美，但随着科学的发展、人类的进步，随着人们审美观念的更新，数学符号将不断地得以改进和完善。

罗素和怀特海（A. N. Whitehead）的巨著《数学原理》以及布尔巴基学派的多卷《数学原理》正是使用了精致而严谨的符号体系，才使得与人类语言不可分离的含糊性在数学中没有存身的余地。

正如英国数学家萨顿（O. G. Sutton）所言，数学所使用的少数符号，居然对世界模样的描述作出了世人皆知的如此多的贡献。如果一个中世纪学者现在醒来，他可能会认为这些符号是符咒组成的魔力公式，如果念得对，就可以给人们以战胜自然的无比能量。

许多科学技术领域中的基本原理，都是用数学语言表达的。万有引力的思想历史上早就有了，但只有当牛顿用精确的数学公式表达时，才成为科学中著名的万有引力定律。爱因斯坦的广义相对论，其产生与表达也是得益于黎曼几何所提供的数学框架、方法和手段。

★☆★★ ★
小贴士 ★

纳皮尔（J. Napier）发明的对数让人们在数的计算上大大迈进了一步。它简化了数字运算的烦琐。

　　如今，我们简直难以想象：如果没有现今的数学符号，数学乃至整个科学的面貌将会是何种模样！

　　我们知道：一件衣服，一个口袋，一枚信封……你可以容易地把它们从里到外翻过来，然而有的物品把里面翻出来却不那么容易.

　　美国数学家斯梅尔（S. Smale）在 1959 年给出如何将一个有洞的球的内壁，在没有褶皱和撕破的条件下向外翻转. 它的详细过程（数学上称此过程为正则同伦）是由法国失明的数学家莫兰（S. Morland）阐述的，然而当时却无人给予形象的描绘.

　　后来，人们把这一过程输入计算机中，最后机器输出了这个过程的直观显示图形（它原本以蓝、红两色分别表示球的内、外壁，这里仅给出示意）.

▲ 阿基米德："给我一个支点，我可撬起整个地球."

▲ 阿基米德杠杆原理 $f_1x_1=f_2x_2$（这里 f_1, f_2 为力；x_1, x_2 为力臂；f_1x_1, f_2x_2 为力矩）是改变世界的重要数学公式之一.

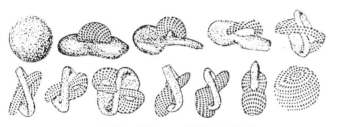

▲一个球面无褶皱、无破损地逐步翻转.

　　一个扭了三个结的车内胎被扎了一个小洞，我们能否以洞为"突破口"而把它的"里面"翻到外面来？

　　假设车内胎弹性极好，那么我们只需依照下图的模式操作，这一愿望便可实现.

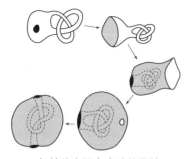

▲打结的有洞车内胎的翻转.

这其实与上图球的翻转多少有点类似，只是这里出现三个扭结的新花样．计算机描绘有洞球的翻转图形的成就，一方面显示了计算机进入数学领域后的强大活力，同时也标志着拓扑这门学科已由抽象转向具体问题的研究（当然它是由研究具体问题开始的）．

2．令人惊讶的抽象

抽象也是数学的本质和特征，是数学的灵魂．它是因数学本身的特点及其发展历史形成的．

数学描述的现象，有时人们凭空是难以认可的，但数学的严谨计算与推理往往不容置疑，其结果又常常令人大吃一惊．下面我们来看几个故事．

（1）付不起的奖赏

相传古印度宰相达依尔是国际象棋的发明者，他因此得到国王的重奖．当国王问达依尔要何奖赏时，达依尔说：他只要一些麦子．

要多少？只需在他发明的象棋盘（共 $8 \times 8 = 64$ 格）上第 1 格放 1 粒，第 2 格放 2 粒，第 3 格放 4 粒……，以后每格只需放前一格麦粒数两倍的麦粒．

国王打算兑现他的承诺时却被数量的庞大惊呆了．这些麦粒总数是 $1+2+2^2+2^3+\cdots+2^{63}=2^{64}-1$，这是一个天文数字，估算一下全部麦粒，总体积约有 1.2×10^{13} 立方米，形象化一点：若把全部麦粒堆成高 4 米、宽 10 米的麦墙，它的长度约为 3×10^8 千米（大约是当时全球两千年所产小麦的总和）．

这一点恐怕开始你会以为不可能，因为你无论如何也想象不出来会是如此大的数量，但这又是千真万确的（它经过了严谨的数学计算）．

（2）等不到世界末日

印度北部的圣城瓦拉纳西（旧称贝拿勒斯）的一座神庙里，佛像前面放着一块黄铜板，板上插着三根宝石针，其中的一根自上而下放着从小到大的 64 片圆形金片（它在当地被人们称为"梵塔"）．按教规，每天由值班僧侣把金片移到另一根宝石针上，每次只能移动一片，且小片必须放在大片上——当所有金片都移到另一根宝石针上时，所谓的"世界末日"便到了.

这看上去又似乎是耸人听闻、故弄玄虚！可是经计算发现，按照这一规定，当把全部金片移到另一根宝石针上时，需移动 $2^{64}-1$ 次. 倘若每秒移动一次，即使日夜不停地移动金片，仍大约要 585 亿年. 按现代科学推测，太阳系寿命约 100 亿年——移完金片，地球乃至太阳系或许真的不复存在了！

（3）生日问题

中国有十二种属相：鼠、牛、虎、兔、龙、蛇、马、羊、猴、鸡、狗、猪. 运用"抽屉原理"可以断定，13 个人中至少有两人属相一样. 说来也许令人困惑：任意四个人中，有两人属相一样的可能约有一半；而一个六口之家，几乎可以"断定"他家会有两人属相一样. 这种问题是数学的另一个分支——概率论研究的对象.

中国人的属相是按出生的农历年份而定的，西方的星座是按出生的公历日期而定的.

西方十二星座如下图所示［括号内数字表示出生日期（公历）］：

白羊座
（3.21—4.19）

金牛座
（4.20—5.20）

双子座
（5.21—6.21）

巨蟹座
（6.22—7.22）

狮子座
（7.23—8.22）

处女座
（8.23—9.22）

天秤座
（9.23—10.23）

天蝎座
（10.24—11.22）

射手座
（11.23—12.21）

摩羯座
（12.22—1.19）

水瓶座
（1.20—2.18）

双鱼座
（2.19—3.20）

▲圆明园十二生肖兽首铜像.

小贴士 ★

印度数学家拉马努金曾给出一年 n 天中有两人生日相同的实体个数为

$$\sqrt{\frac{\pi n}{2}}+\frac{2}{3}+\frac{1}{12}\sqrt{\frac{\pi}{2n}}-\frac{4}{135n}.$$

尔后马西斯给出近似公式

$$\frac{1}{2}+\sqrt{\frac{1}{4}+2n\ln 2}.$$

小贴士 ★

集中度量现象

法国索邦大学教授塔拉格兰（M.Talagrand）发现：

许多函数依赖大量相对独立的随机变量，这些函数极可能接近平均值。

比如掷 1000 次硬币，正面出现的次数为 450~550 之间的概率约为 0.997，而大于 600 次的概率仅约为 2 亿分之一。

空间是存在于人们思想中的框架。

——康德

数学的本质在于其自由。

——康托

至于生日问题，结论也更使人不解：23 个人中有两人生日相同的可能性约为 50%，50 个人中有两人生日相同的可能居然有 97%。下表中的数据便是由"概率论"的公式精确计算出的。

n 个人中两人生日相同的概率 p_n

n	5	10	15	20	25	30	40	50	55
p_n	0.03	0.12	0.25	0.41	0.57	0.71	0.89	0.97	0.99

有人发现：美国前 36 任总统中有两人（波尔克和哈定）生日一样，有 3 人（亚当斯、门罗和杰斐逊）死于同一天（当然年份不同）。这种"巧合"从概率角度去分析，似乎并不值得大惊小怪了。

2013 年阿诺德（M. Arnold）等人给出 n 个人中有 k 个人生日相同的概率近似式：

$$p_k(n)\approx 1-e^{-\frac{n^k}{365^{k-1}k!}}.$$

（4）首 1 自然数个数

首数是 1 的自然数 1，12，135，…，称为首 1 数。请问首 1 自然数在全部自然数中所占比例几何？

九分之一 $\left(\text{即}\dfrac{1}{9}\right)$，你也许会立刻答道（因为只有 1，2，…，8，9 可以在自然数中打头）。如果告诉你不是 $\dfrac{1}{9}$ 而是大约 $\dfrac{1}{3}$，你也许不信，但我们有理由和依据。为什么？让我们来分析一下。

先来看首 1 自然数在全体自然数中的分布概况：

在 9 之前其占 $\dfrac{1}{9}$，在 20 之前其占 $\dfrac{1}{2}$，在 30 之前其占 $\dfrac{1}{3}$，在 40 之前其占 $\dfrac{1}{4}$，……，在 90 之前其占 $\dfrac{1}{9}$，……，即首 1 自然数在上述区间段内所占比例总是在 $\dfrac{1}{9}$ 和 $\dfrac{1}{2}$ 之间。

1974 年，斯坦福大学的研究生迪亚基克（Diyakenic）利用黎曼函数给出这些值的一个合理平均：lg2=0.3010…，即

首 1 自然数在全体自然数中约占 $\dfrac{1}{3}$。

这个看来似乎近于荒唐，又耐人寻味的数学课题（显然它有悖于人们的直觉），想不到 10 年后在计算机的成像（描绘自然景象）技术中得到了应用.

以上种种有悖于人们直觉或经验的例子，其实在数学中为数不少，它们也像谜一样吸引着无数的学人.

3. 数学的本质是抽象

美国数学家卡迈查尔（R. D. Carmichael）说："数学家因为对发现的纯粹爱好和其对脑力劳动产品的美的欣赏，创造了抽象和理想化的真理."

说到这一点，人们自然会想到非欧几何的创立（见前文三种几何）冲破了人们对于空间概念的传统认知和千百年来的习惯思维（三角形三内角和小于或大于 180°，它们在非欧几何中成为可能）.

本质上讲，抽象还源于变量研究的开启，由此牛顿、莱布尼兹等人创立的微积分学（后经欧拉、高斯、柯西等数学家发展）已颠覆了人们对于常量的依赖与笃信，由此带来的数学革命让人目不暇接，令人耳目一新.

小贴士 ★

三角形三内角和在三种几何中的度量.

几何体系	三角形三内角和
欧几里得几何	$=180°$
黎曼几何	$>180°$
罗巴切夫斯基几何	$<180°$

小贴士 ★

四元数运算规则（乘法表）

×	1	i	j	k
1	1	i	j	k
i	i	-1	k	$-j$
j	j	$-k$	-1	i
k	k	j	$-i$	-1

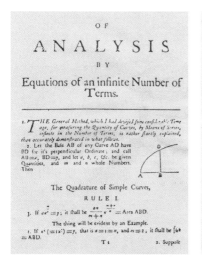

▲牛顿《分析学》英文版（1745年）扉页.

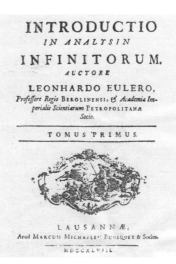

▲欧拉《无穷分析引论》英文版扉页.

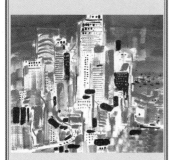
　　前文我们在"数"的一章曾介绍过，哈密顿发现了"四元数"，这个故事也很有趣。一天，哈密顿沿都柏林皇家运河散步时，灵感来潮，他找到了让他苦思冥想整整十五年的"四元数"。这样的数不存在交换律，因而他便是非交换代数的鼻祖，也把代数学从传统实数算术的束缚中解放出来，为此也打开了现代抽象代数的大门。

　　线性代数的矩阵乘法也不符合交换律。比如矩阵

$$A = \begin{pmatrix} 1 & 2 \\ 1 & 1 \end{pmatrix}, \quad B = \begin{pmatrix} 1 & 1 \\ 2 & 1 \end{pmatrix}.$$

考虑矩阵乘法

$$AB = \begin{pmatrix} 5 & 3 \\ 3 & 2 \end{pmatrix}, \quad BA = \begin{pmatrix} 2 & 3 \\ 3 & 5 \end{pmatrix}.$$

显然 $AB \neq BA$。

3.1　七桥问题

　　欧拉"七桥问题"的故事，也是一个彰显抽象魅力的例子。

　　布勒格尔河流经哥尼斯堡市区，河中有两座岛，它们彼此间以及它们与河岸间共有七座桥连接（如下图）。当地居民曾为一个问题百思不得其解，这个问题是：

　　你能否无遗漏又不重复地走遍七座桥而回到出发地？

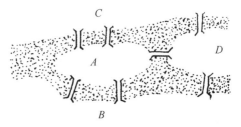

　　人们在不停地走着、试着，却竟然无一人成功。

　　数学大师欧拉听说这个问题后，很感兴趣并试图揭开其中的奥妙。他不是身体力行地去徒步，而是巧妙地利用数学手段（工具）将问题抽象、概括、转换、化简，最终成功地解决了这个难题。

　　首先他将问题抽象成图形：用点代表河岸和小岛（注意图中 A，B，C，D 的对应），用线代表桥，于是得到下面这个简单的图形，同时问题相应地转化为：

能否一笔画出这个图形？

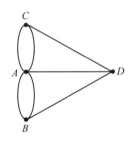

▲用点代表河岸和小岛，线代表桥.

欧拉潜心研究，终于发现：

能够一笔画出的图形奇点（经过该点的线或边的条数为奇数的点）个数只能是 0 或 2.

欧拉运用该判断准则，很快判断出要一次不重复地走遍哥尼斯堡的七座桥是不可能的. 欧拉将实际的问题抽象成合适的"数学模型"，这虽不需要多么深奥的理论，但想到这一点，却是解决难题的关键.

欧拉关于该问题的研究论文于 1736 年在圣彼得堡科学院宣读，该项研究导致了"拓扑学"这一数学分支的诞生（在很大程度上也促使了"图论"这门学科的创立）.

欧拉运用图论的方法还证明了关于凸多面体顶点数 V、棱数 E、面数 F 之间的关系式——欧拉公式：

$$V-E+F=2.$$

由此人们发现了正多面体仅有五种（详见后文）：正四面体、正六面体（立方体）、正八面体、正十二面体和正二十面体.

很难想象：如果欧拉不是运用了图形符号而是到现场去试走，用当地人曾用的那些办法去探讨这个问题，结果将会是怎样？至少解决问题的难度要大得多，而且更谈不上新的数学分支的诞生.

1859 年哈密顿曾在家乡的市场上公布一个旅游问题：

一位旅行家打算进行一次周游世界的旅行，他选择了 20 个城市作为游览对象. 这 20 个城市均匀地分布在地球上，每个城市都有三条航线与其毗邻城市连接. 问怎样安排一条合适的旅游路线，使得他可以不重复地游览每个城市后，再回到他的出发点？

小贴士 ★

一笔画不出的图形

小贴士 ★

拓扑学用英文表示就是 topology，这是希腊语 topos 和 logos 的组合词. 19 世纪 70 年代后期拓扑学有了这样的定义：

"拓扑是研究几何图形或空间在连续改变形状后还能保持不变的一些性质的一个学科，它只考虑物体间的位置关系而不考虑它们的形状和大小."

根据此定义，下面的图形都是同样的图形. 因为这些图形中的任意一个图形可以通过拉长、缩短或弯曲等方法变成其他图形中的一个.

这个问题直接解答是困难的，但我们可以通过下面的办法把问题转化一下：

若把这 20 个城市想象为正十二面体的 20 个顶点（下图左），把它的棱视为路线，问题就可以放到这个多面体上去考虑。

又假如这个十二面体是用橡皮薄膜做的，那么我们可以沿它的某个面把它拉开、伸延、铺展为一个平面图形（下图右）。如此一来，我们很容易从中找出所求路线（图中粗线所示的路线，当然不止这一条，读者还可以找出其他的所要求的路线）。

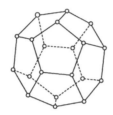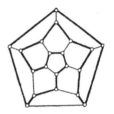

这个问题经过抽象、概括，可总结为下面的数学问题（哈密顿回路问题）：

空间中的 n 个点中任意两点间都用有向线段（不管方向正反）去连接，那么一定有一条有向折线，它从某点出发，按箭头方向依次经过所有顶点一次，且仅一次的回路称为哈密顿回路。

其实，对于五种正多面体皆有这种哈密顿回路：

▲ 哈密顿回路。（上方是正多面体，下方为它们的拓扑变换图形，其中的粗线即为该图形的哈密顿回路。）

对于哈密顿问题，我国数学家苏步青教授曾给出一个巧妙解法：用黑、白各 10 颗玉珠，串成一个项链，要求黑、白珠所在位置对称（一黑一白、两黑两白……）。

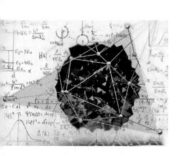

▲ 哈密顿回路问题催生了数学的一门分支——图论的诞生。

　　旅行者只需从某一颗玉珠记起，每走完一个城市可拨项链上的一颗玉珠，只需规定好：若下一颗玉珠是白色则选择右拐，黑色则选择左拐：

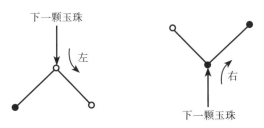

▲黑、白玉珠与旅行者拐弯方向路线.

　　这样，当旅行者拨完项链上全部玉珠后，他也就游完了全部 20 座城市后又回到了出发地.

3.2　正交拉丁方

　　1735 年，数学大师欧拉积劳成疾，右眼已失明. 他受普鲁士国王腓特烈大帝之邀，来到气候相对温和的德国，任柏林科学院物理数学所所长.

▲3×3军官方队.

　　一次，腓特烈大帝在阅兵仪式中问其指挥官：

　　在一个由 36 名军官组成的方队里，若这些军官分别来自 6 支不同的部队，而每支部队均有 6 种不同军衔的军官，他们能否排成一个 6×6 方队，使每行、每列既有每支部队的军官，又有不同军衔的军官？

　　指挥官试着排布了许久之后终感到无能为力.

　　问题传到欧拉那里，他开始研究这个问题.

　　首先他将问题化为了用拉丁字母（或用数字）排成的方阵问题，且定义了拉丁方（名称由来与拉丁字母有关）——每行每列由不同元素（字母或数字）组成的 $n \times n$ 方阵. 比如：

$$\begin{pmatrix} 1 & 2 & 3 \\ 2 & 3 & 1 \\ 3 & 1 & 2 \end{pmatrix}, \quad \begin{pmatrix} 1 & 2 & 3 \\ 3 & 1 & 2 \\ 2 & 3 & 1 \end{pmatrix}$$

便是两个 3 阶拉丁方.

如果两个 n 阶拉丁方叠合时，n^2 个有序字母（或数对）恰好均出现一次（而且仅出现一次），则它称为 n 阶正交拉丁方，且称两拉丁方正交.

如下图（1），（2）均为 3 阶拉丁方，它们的叠加图（3）是一个 3 阶正交拉丁方〔故图（1）、图（2）是正交的〕.

$$\begin{pmatrix} a & b & c \\ b & c & a \\ c & a & b \end{pmatrix} \quad \begin{pmatrix} A & B & C \\ C & A & B \\ B & C & A \end{pmatrix} \quad \begin{pmatrix} aA & bB & cC \\ bC & cA & aB \\ cB & aC & bA \end{pmatrix}$$

（1）　　　　　（2）　　　　　（3）

在问题研讨过程中，欧拉首先发现：2 阶正交拉丁方不存在. 接着欧拉构造出了 3 个 4 阶正交拉丁方，4 个 5 阶正交拉丁方.

aD	bA	cB	dC
cC	dB	aA	bD
dA	cD	bC	aB
bB	aC	dD	cA

4 阶正交拉丁方

aA	cD	dE	eB	bC
dC	bB	eA	cE	aD
eD	aE	cC	bA	dB
bE	eC	aB	dD	cA
cB	dA	bD	aC	eE

5 阶正交拉丁方

1779 年 3 月 8 日，欧拉向彼得堡科学院介绍他的正交拉丁方研究成果时，向人们展示了他构造的 56 个 5 阶约化拉丁方（即第一行、第一列为自然序 1，2，…的拉丁方），并指出其中可以正交的一些，但他没能找出 6 阶正交的拉丁方. 于是他提出了猜想：

若 $n=4k+2$（k 为非负整数），则这样的 n 阶正交拉丁方不存在.

1899 年，法国数学家塔瑞（H. Tanry）证明 $k=1$（即 $n=6$）时，欧拉猜想成立（他同时指出 6 阶拉丁方有 $9408 \times 61 \times 51$ 个，但都不是正交拉丁方）. 人们对欧拉猜想似乎笃信不疑. 但半个多世纪后，"不幸"的事竟然发生了. 1959—1960 年，由于印度数学家玻色（S. N. Bose）和史里克汉德（Shrikhande）的工作使得欧拉的猜想被推翻，他们构造出了 10 阶（$k=2$ 时的 n 值）正交拉丁方（见下图）：

Aa	Eh	Bi	Hg	Cj	Jd	If	De	Gb	Fc
Ig	Bb	Fh	Ci	Ha	Dj	Je	Ef	Ac	Gd
Jf	Ia	Cc	Gh	Di	Hb	Ej	Fg	Bd	Ae
Fj	Jg	Ib	Dd	Ah	Ei	Hc	Ga	Ce	Bf
Hd	Gj	Ja	Ic	Ee	Bh	Fi	Ab	Df	Cg
Gi	He	Aj	Jb	Id	Ff	Ch	Bc	Eg	Da
Dh	Ai	Hf	Bj	Jc	Ie	Gg	Cd	Fa	Eb
Be	Cf	Dg	Ea	Fb	Gc	Ad	Hh	Ii	Jj
Cb	Dc	Ed	Fe	Gf	Ag	Ba	Ij	Jh	Hi
Ec	Fd	Ge	Af	Bg	Ca	Db	Ji	Hj	Ih

10 阶正交拉丁方

有趣的是，有人曾用拉丁方构造幻方，方法是：

若 $A = (a_{ij})_{n \times n}$，$B = (b_{ij})_{n \times n}$ 是两个 n 阶拉丁方，且

$$\sum_{i=1}^{n} a_{ii} = \sum_{j=1}^{n} b_{jj} = \frac{1}{2}[n(n+1)],$$

记 $c_{ij} = n(a_{ij}-1)+b_{ij}$ $(1 \leq i,j \leq n)$，则 $C = (c_{ij})_{n \times n}$ 是一个 n 阶幻方．

例如：拉丁方 $A = \begin{pmatrix} 1 & 2 & 3 & 4 \\ 3 & 4 & 1 & 2 \\ 4 & 3 & 2 & 1 \\ 2 & 1 & 4 & 3 \end{pmatrix}$，$B = \begin{pmatrix} 4 & 3 & 1 & 2 \\ 2 & 1 & 3 & 4 \\ 3 & 4 & 2 & 1 \\ 1 & 2 & 4 & 3 \end{pmatrix}$，

由前运算得 $C = \begin{pmatrix} 4 & 7 & 9 & 14 \\ 10 & 13 & 3 & 8 \\ 15 & 12 & 6 & 1 \\ 5 & 2 & 16 & 11 \end{pmatrix}$ 是一个四阶幻方．

此后，玻色等人又成功地证明了：

除 $n=2$ 或 6 外，任何 n 阶正交拉丁方皆存在．

当人们把正交拉丁方概念拓广到三维空间时，即：

$n \times n \times n$ 的立方体每小块分别写有 0，1，2，$\cdots$，$n-1$，使得每行、每列、每竖中恰好都出现一次，便称之为 n 阶立体（三维）拉丁方．

小贴士 ★

互相正交的拉丁方个数

有人猜测：若 $N(n)$ 表示 n 阶互相正交的拉丁方个数，则

$$N(n) \leq n-1 \ (n \geq 2).$$

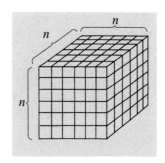

▲ n 阶立体正交拉丁方．

叠合三个 n 阶立体（三维）拉丁方时，若每个有序三重数组 $a_k b_i c_j$（首位代表 $a_0 \sim a_{n-1}$，第二位代表 $b_0 \sim b_{n-1}$，末位代表 $c_0 \sim c_{n-1}$，它们均为 0，$1 \sim n-1$）：000，001，002，003，…，$n-1$ $n-1$ $n-1$ 均出现一次，则称它为 n 阶立体（三维）正交拉丁方．

令人意想不到的是：三维 6 阶正交拉丁方居然存在（阿廖金·史密斯和施特劳斯给出）．一般人会认为：在低维空间不存在的结论，在更高维空间也不会存在．但这次却是个例外．这个 6 阶正交拉丁方的六层数字分别为：

I

313	435	241	522	000	154
402	541	350	014	133	225
534	050	423	105	242	311
045	123	512	231	354	400
151	212	004	340	425	533
220	304	135	453	511	042

II

201	353	415	134	542	020
330	422	501	245	054	113
443	514	030	351	125	202
552	005	143	420	211	334
024	131	252	513	300	445
115	240	324	002	433	551

III

455	221	333	040	114	502
521	310	442	153	205	034
010	403	554	222	331	145
103	532	025	314	440	251
232	044	111	405	553	320
344	155	200	531	022	413

IV

120	504	052	315	431	243

213	035	124	401	540	352
302	141	215	530	053	424
434	250	301	043	122	515
545	323	430	152	214	001
051	412	543	224	305	130

V

032	140	524	203	355	411
144	253	015	332	421	500
255	322	101	444	510	033
321	414	230	555	003	142
410	505	343	021	132	254
503	031	452	110	244	325

VI

544	012	100	451	223	335
055	104	233	520	312	441
121	235	342	013	404	550
210	341	454	102	535	023
303	450	525	234	041	112
432	523	011	345	150	204

正交拉丁方在统计、组合设计、模拟和数值积分等问题中均有广泛应用.

美国人卡恩（Kane）于 1979 年将"拉丁方"概念转化、引申，发明了被称为"数独"（又称"一个人的围棋"，原名"数字广场"）的游戏刊登在杂志上. 2004 年，数独开始风行欧洲，后经日本人的推介、传播，该游戏风靡世界，令人着迷，就像当年的"鲁比克方块"（又称"魔方"）

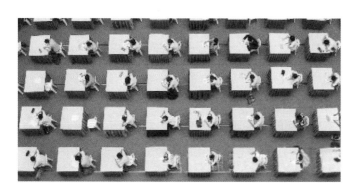

小贴士 ★

鲁比克方块（魔方）

魔方是匈牙利雕刻家埃内·鲁比克教授于 1974 年发明的，所以也称鲁比克方块. 通常所说的魔方，即指三阶魔方. 它可以有多达 4.3×10^{19} 种（又一说有 $3^8 \cdot 8! \cdot 2^{12} \cdot 11!$ 种）变化方式，如果全世界 70 亿人每人每秒得到一种排列，大约需要 200 年可全部排完.

▲鲁比克方块.

新型魔方

"鲁比克 360" 魔方最早于 2009 年 2 月 5 日在德国举行的玩具展览会上亮相. 这种新型魔方由 3 层透明塑料球体构成，球的最内层有 6 个彩色小球，最外层的球体上有对应的六种颜色的凹孔.

▲球形魔方. 通过晃动彩色小球，让小球通过只有两个孔洞的中层球体，最后落到外层球体上与之色彩相匹配的凹孔，就算大功告成.

◀"数独"大赛（当然是赛速度，看谁能最先正确地完成填写）.

一样.

前文已述,"数独"游戏是在一个 9×9 方格中,划分九个 3×3 小方块(九宫格),再在其中一些格子给出 $1 \sim 9$ 中的某些数字,比如下图:

	5					7		
9			6		1			8
		6		2		1		
	6				2		1	
		3				2		
	4		3				5	
		4		3		5		
2			4		5			9
7						6		

你可以在其余格子中也分别填入 $1 \sim 9$ 中的某个数,使填后 9×9 大方块中每行、每列,且每个 3×3 小方块中均有 $1 \sim 9$ 这九个数字. 上题答案为:

3	5	1	9	4	8	6	7	2
9	2	7	6	5	1	3	4	8
4	8	6	7	2	3	1	9	5
8	6	9	5	7	2	4	1	3
5	7	3	1	9	4	2	8	6
1	4	2	3	8	6	9	5	7
6	9	4	8	3	7	5	2	1
2	1	8	4	6	5	7	3	9
7	3	5	2	1	9	8	6	4

它显然是经过细心推演(其中也有技巧)方才得出的.

数学推演告诉人们:数独题目中最初给出的数字个数不能少于 17. 此外,人们依兴趣又研发了不少别开生面的数独类型,其难易程度有别.

▲ 中国结.

▲ 绳结.

3.3 绳结的数学表示

无论多么抽象的事物,如果能由数学来描述,那将会显得简单明了(当然并非所有的情形都是如此).

用数学式(符号)表达抽象内容的另一个例子是关于"结"(或"扭结")的数学描述. 在生活中人们对"结"并不陌生,它也是拓扑学研究的一个课题. 在拓扑学中结被定义为"处在三维空间里的任何简单封闭曲线".

不具有自由端的结,可以像链条那样以复杂的方式连接起来.

高斯率先将"结"作为数学对象研究,他认为扭结和联结的分析是"几何部位"的基本对象之一.

绳结的分类可按其"结"的个（次）数进行，人们已知分类情况如下表：

结的个数	3	4	5	6	7	9	10
种 类	1	1	2	3	7	49	165

三次交叉　四次交叉　　五次交叉　　　　六次交叉

七次交叉

最简单的打结曲线是三叶扭结．下面图形给出全部不多于 9 个交叉点的三叶扭结在平面上的投影（它们至多有 9 个两两交叉点，且在交叉点处穿过的线显示为断开）．

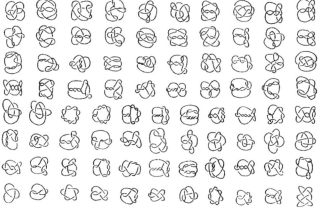

▲至多 9 个交叉点的三叶扭结的平面投影．

用抽象的手段——数学工具，人们就有可能去解释、刻画、描述、揭示许多生活中看似难以想象的事例．

3.4　用着色解题

"六人相识问题"是一个著名问题，它也是"组合数学"中拉姆齐定理的特例：

任何 6 个人中必可从中找出 3 个人，使得他们要么彼此都相识，要么彼此都不相识．

把这个抽象的问题转化成"点"与"染色直线"，便可巧

★☆★☆★
小贴士 ★

瑞典皇家理工学院数学家米卡埃尔·韦伊德莫－约翰森观看《黑客帝国 2：重装上阵》电影后受到启发，与另外 3 名数学家一起列出一个计算领带打法的公式，用字母 T 代表顺时针绕领带，W 代表逆时针绕领带，U 代表领带绕至先前所打结下．

根据该公式可算出，领带打法共有 177147 种．他们还开发了一款领带打法随机生成程序，教网友打出罕见的领带结．

★☆★☆★
小贴士 ★

1917 年日本挂谷宗一（Kakeya）提出下面的一个问题：

长为 1 的线段转过 180° 后，线段扫过的面积最小是多少？

开始有人推断这个面积介于 $\frac{\pi}{8}$ 和 $\frac{\pi}{4}$ 之间．

1925 年美国数学家伯考夫（G. D. Birkoff）在其所著《相对论的由来、性质和影响》一书中，又谈到这个令人"感兴趣"的简明问题．

但 1928 年苏联的别西科维奇（A. S. Besicovitch）的结论却令人意外：这个面积可以任意小．

这着实让人难以想象！这个结论的证明，后又经佩龙（O. Perron）和舍恩伯格（I. J. Schoenberg）两度简化（分别于 1928 年和 1962 年）．

妙地解答它，这不能不说是数学"符号"（或概念）的一大功劳（要知道 6 人相互关系的可能组合数为 32768，若要一一列举分析，恐远非易事）.

把"人"用"点"表示，人与人的"关系"用"红、蓝两色线"表示：红线表示他们彼此相识（下图中分别用实线和虚线表示红线和蓝线），蓝线表示他们彼此不相识. 这样，六个人 A，B，C，D，E，F 中的某个人，比如 A，他与其他五位的关系由于只用两种颜色表示，其中必有一种颜色的线不少于三条，不妨设为 AB，AC，AD 三条，且它们为红色.

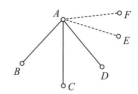

接下去考虑 B, C, D 三点间的连线，若它们全为蓝色，那么，B, C, D 三点为所求（下左图，它们代表的三个人彼此都不相识）；若三点间连线至少有一条为红色，设它为 BC，这时，A，B，C 三点为所求（下右图，它们代表的三个人彼此都相识）.

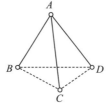
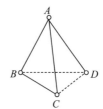

其实我们还可以有进一步的结论：上述（彼此都相识或都不相识的）"三人组"，六个人中至少存在两组.

抽象方法有时所能解决的问题，也是让人难以想象的，下面例子中使用的方法，也许正是数学家的"巧运新思"的结晶，从美学角度去看，它当然应视为美妙的.

这是一则虽然甚为流行，然而考虑起来却颇费心思的数学游戏（其实它是一道数学题）：

下图（a）是从围棋盘上裁下来的一块，它有 14 个小方格. 请问：能否把它剪成 7 个 1×2 的小矩形（另一提法是：能否用

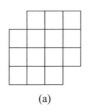

(a)　　　　　　　(b)

7 个 1×2 的矩形纸片去无重复、无遗漏地盖住残棋盘）?

乍一看你也许以为：这还不简单！可是你动手一试便发现：这似乎有些难以实现，其实它是根本办不到的.

可道理在哪里? 除了数学恐怕都无从给出解释.

我们先将残棋盘相间地涂上色，这样它变成一个残国际象棋棋盘，如上图（b）所示.

试想：你若能剪下 7 个 1×2 的小矩形，它们每个都应该是由一个白格和一个黑格组成的. 可你数一数图中的黑白格便会发现：白格有 6 个，而黑格却有 8 个，它们数目不相等，所以裁成 7 个 1×2 的矩形根本不可能.

3.5　总有一点不动

取两张同样大小的方格纸（最好一张是透明的），且以同样的方式给方格标号，再把透明的那张纸随意揉搓（但不得揉破）团成一个纸团，然后把它扔到另一张方格纸上（注意要使纸团全部在另一张方格纸上），无论你怎样扔，揉皱的纸上总有某一标号的方格与未揉的那张纸上同样标号的方格，至少有一部分会重叠——这个方格便是方格纸在揉搓变换下的"不动点". 这一点单凭想象，无论如何你也是"想不通"的.

"不动点理论"也是从诸多事实中抽象出来却又似乎令人难以理解的理论；尽管如此，利用它却可以解释许多令人费解的现象（事实）.

一个圆铁环，当你把它沿某一直径翻转后（注意不得转动）仍放回原来的位置，那么铁环上至少有一点与原来位置重合（这一点不难想象）.

一个球，当它绕球心做任一转动后，球面上也有一点与原来的位置重合. 解释这个事实要稍费心思.

这两件事实并不难证明，这些重合点恰好分别是圆周和球面上在上述变换下的"不动点".

不动点是数学上一个重要而有趣的概念.

若 $f(x)$ 表示一点 x 在某种变换（映射或函数关系）下的像点，则称满足 $f(x)=x$ 的点为在这种变换下的"不动点".

比如 $f(x)=x^2-x+1$ 表示一种映射，那么满足 $x=x^2-x+1$ 的点

★ ★ ★ ★ ★ ★
小贴士 ★

不动点

不动点理论是非线性泛函分析的重要组成部分，特别是在讨论各类方程存在唯一问题时起重要作用. 它又分：

（1）压缩算子的不动点；

（2）紧凸集中映射的不动点；

（3）半序集中映射的不动点.

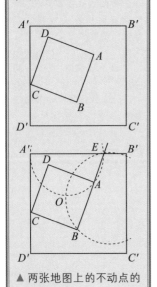
$x=1$ 即为映射 $f(x)=x^2-x+1$ 下的不动点.

　　不动点理论在"博弈经济学"中有着十分重要的应用，用它可证得经济学中全局平衡的存在，乃至一般均衡的存在.

　　在几何研究上人们发现了下面的定理（毛球定理）：

　　（二维）欧几里得空间（简称欧氏空间）球面上不存在处处非零的光滑向量场［庞加莱－霍普夫定理］.

　　换言之，球面上非零（切）向量场必存在零（奇）点.

　　用通俗的话讲：对于表面布满垂直毛发的圆球，无法把所有的毛发都抚平，而无法被抚平处即为零点.

　　该定理于 1912 年被布劳威尔证明. 由于地球上的风速、风向皆为连续，由毛球定理可知，地球上总会有一点处风速为 0，故气旋和风眼是不可避免的.

4. 变换是数学抽象的一种升华

　　数学变换是数学研究的工具和方法. 无论是代数式变形、化简，还是几何图形的平移、旋转；无论是三角函数和差化积（或反之），还是微积分中的变量替换……这些都是数学变换的典例. 它们看上去似乎抽象，然而用这些去解释自然界的各种现象，却得心应手.

　　比如我们的眼睛是球状（既转动灵活，又可使视野开阔），但在看东西时得到的图像却并不是球形的，原因何在？研究发现：这是因为眼球视网膜上的影像经过"复对数变换"形成视觉皮层上的"平移对称"图像，我们才能看到不失真的世界. 这是千真万确的数学变换，也是奥妙无穷的生命现象在其进化过程中的最优化选择.

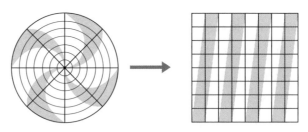

▲ 人眼视网膜影像经过"复对数变换"形成视觉皮层上的"平移对称"图像，我们才能看到不失真的世界.

数学在解释、诠释某些变化或演化方面则更显得心应手.

人体的结构经历了数百万年的演化，与整个自然界愈来愈和谐，结构越来越优化. 比如：人和动物的血液循环系统中，血管又不断地分成两个同样粗细的支管，它们的直径（半径）之比为 $\sqrt[3]{2}:1$，由数学计算知道（依据流体力学理论），这种比例在分支导管系统中，液流（流动液体）的能量消耗最少.

再如：血液中的红细胞、白细胞、血小板等平均占血液的44%，同样由数学计算可知：当液体中固体物质的含量为43.3%时，液体流动时携带固体物质为最大量.

人类改造着自然（也许只是相对的），自然也优化着人类，优化着一切生灵. 生命现象的这些最优化的结构，是生物亿万年来不断进化的结果，而数学则为它们找到了可靠的理论依据，并证明了这一点.

动物的头骨看上去似乎甚有差异，其实它们不过是同一结构在不同坐标系下的描述或写真，这是大自然的自然选择和生物本身进化的必然结果. 这也可看成是达尔文的生物进化论从数学上找到依据或支持的一个诠释.

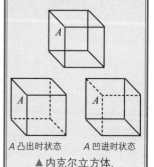

小贴士 ★

眼睛的错觉

巧妙利用图形之间的布局与层次，从而产生某些错觉，其实其中可能隐藏一些奥秘.

观察下图中标以 A 的立方体的顶角，凝视一会儿你会发现它将交替地呈现"凸出"和"凹进"两种状态（突变过程），它是地质学家内克尔1832年发现的.

A凸出时状态　　A凹进时状态

▲内克尔立方体.

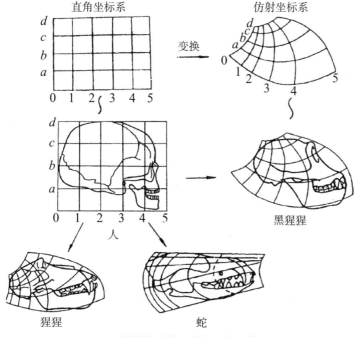

▲人、黑猩猩、猩猩、蛇的头骨比较.

鱼的外形可谓千姿百态,但说来道去也均系同一造型在不同坐标系下的演绎——每种个体的外形是在于不同自然环境下的演化结果.

我们通过(仿射)坐标变换,总可以将它们彼此转化,如下图所示:

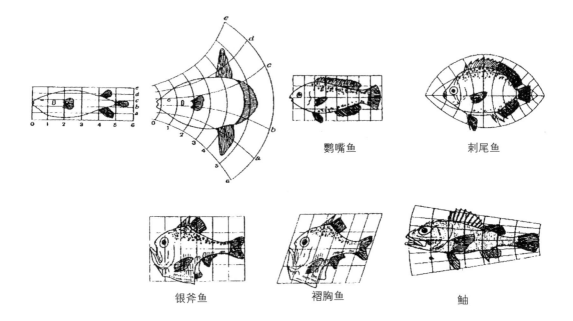

鹦嘴鱼

刺尾鱼

银斧鱼

褶胸鱼

鲉

再如"蜂房结构"问题,也是一个生物进化选择最优、材料最为节省、结构最为和谐的例子.

人们很久以前就注意到了蜂房的构造:乍看上去是一些以并排且规则摆放的正六边形为截面的"筒".再仔细观察,便会看到:筒底并非平的,其中的每个都是由三块同样大小的菱形所搭成,这恰好有些像某些尖顶房子的房顶,如下图所示.

▲ 在灯光下清晰可见的蜂房底部结构.

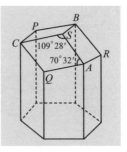

▲ 蜂房底部封口的结构.

18 世纪初，法国的学者马拉尔迪（Marardi）测量了蜂房底面三块菱形的内角角度：

菱形钝角 $\alpha=109°28'$，菱形锐角 $\beta=70°32'$.

当时法国一位物理学家由此猜测：蜂房的这种结构是建造同样大的容积所用材料最省的形状.

这也是使世界上最优秀的建筑师称赞不已的造型与设计.

从另一个角度讲，数学论证了自然界的和谐；反之，自然界本身的和谐也为验证数学的严谨与和谐提供了最有力的范例. 自然界的现象有时可帮人类纠正某些错误，包括数学上的.

试想：生命的丰富多彩，数学的优雅美妙，一旦二者糅合，必定会为人们认识生命现象激发潜能，提供方便，创造机会，这同时也为数学自身发展提供模式与课题.

生物链表明自然界的物质能量一级高于一级地向上传递、输送（尽管效率很低，往往是 10∶1）. 比如：

花 ≺ 蝴蝶 ≺ 蜻蜓 ≺ 蛙 ≺ 蛇 ≺ 鹰（见右图），

　浮游植物 ≺ 浮游动物 ≺ 鱼 ≺ 人.

食物链与数学也有许多有趣的联系，比如在"图论"这门学科中就有这类"链"的问题. 我们先来看一个例子.

有三种虫子，当把其中任何两种放在一起时，其中的一种总可以吃掉另一种，这就肯定能把这些虫子排成一队，使前面一种总可被它后面的一种吃掉.

用图形可以清楚地证明这一点.

比如我们用三个点表示三种虫子，而用点之间的有向线段表示它们彼此间的吞食情况（$A \to B$ 表示 A 被 B 吃掉）. 不管情况如何，我们总可以找到一条依箭头所指方向，依次经过三个顶点的有向折线.

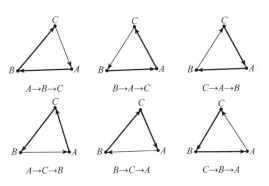

$A \to B \to C$　　$B \to A \to C$　　$C \to A \to B$

$A \to C \to B$　　$B \to C \to A$　　$C \to B \to A$

这个结论还可以推广到 n 种虫子的情形：

有 n 种虫子，将任何两种放在一起，其中一种总可以吃掉另一种，则必可以把它们全部排成一队，使前面一种总可以被它后面一种吃掉.

用这个结论去证明前文提到的"哈密顿回路"问题，将变得十分轻松.

结论的证明可以用数学归纳法去完成. 顺便指出：这个问题与图论中"哈密顿回路问题"实质上是等价的，只不过是用不同方式、从不同角度提出而已.

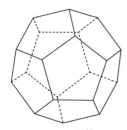

▲正 12 面体.

空间中的 n 个点，若其中任两个点间都用有向线段去连接（不管方向如何），它称为完全图，那么对于完全图来讲一定存在一条有向折线，它从某点出发，按箭头方向依次经过所有的点，且称之为"哈密顿链"（无向情形称为"哈密顿路"）；又，若最终可以回到出发点，则称之为"哈密顿回路"（无向情形称为"哈密顿圈"）. 这个问题我们前面有述.

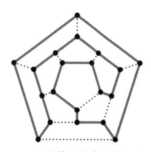

▲正 12 面体上的哈密顿回路.

完全图存在哈密顿链问题，用图论的方法去证明远非易事；但是若用数学归纳法证明昆虫食物链结论后，则可把"哈密顿链"问题"翻译"成昆虫链，因而"哈密顿链"问题也即获证.

模拟进化计算与人工神经网络是近年来信息科学、人工智能与计算机科学的新鲜课题. 其中的仿生类算法，由于其鲜明的生物背景、新颖的设计理念，独特的分析方法和成功的应用实践，正逐渐被人们重视.

20 世纪 60 年代美国科学家约翰·霍兰德（J. Horad）在研究机器学习过程中，提出一种借鉴生物进化机制的自适应机器学习方法，从而发明了"遗传算法". 它是一种模拟自然界生物群体通过自身演化而达到完美的"汰劣存优"的算法.

▲哈密顿.

此外，人们研究蚂蚁活动规律时发现，蚂蚁的某些行为是超智慧的. 根据这些，有人在计算数学（特别是涉及网络计算）中提出且发明了"蚁群算法"，它的有效性、简便性令数学家们兴奋不已.

▶蚂蚁群正在活动.

5. 抽象使数学家添上了隐形的翅膀

5.1 混沌学

20 世纪末诞生了另一个新的数学分支——混沌学.

混沌似乎是对和谐的一种"反动"，然而这只是表象，其实混沌中孕育着有序，混沌中蕴涵着和谐.

从广袤浩瀚的星空，到神奇莫测的海底；从复杂难卜的气象，到倏忽万变的浮云；从高天滚滚的寒流，到滔滔扑面的热浪；从地震、火山的突发，到飓风、海啸的驰至；从千姿百态的物种，到面孔、肤色各异的人类……天文地理、数理生化，大至宇宙，小至粒子皆似无序、混乱，同时又存在秩序、蕴涵规律.

某种与生俱来的冲动促使人类力图理解自然界的规律，寻求宇宙万物难以捉摸的复杂性背后的法则，从无序中找出秩序，从混沌中找出和谐.

混沌学——数学、现代科学与电子计算机结合的产物——也许可为人类的"冲动"带来生机与希望.

混沌被人类感知可谓由来已久，古希腊人认为混沌是宇宙的原始虚空. 中国古代哲人老子说："有物混成，先天地生."意指混沌是天地生就之前的状态.

混沌是介于可知与不可知之间潜在万物的根源. 然而当人们试图深入地认识它、了解它时会发现：混沌不仅属于哲学，同

▲ 麦克斯韦是 19 世纪英国伟大的物理学家. 1864 年，麦克斯韦导出电磁场微分方程组，据此他预言了电磁波的存在.

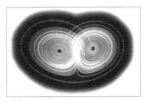

▲ 洛伦兹吸引子的运动轨迹像蝴蝶的翅膀.

样属于科学（狭义）；混沌不仅存在于自然现象里，也存在于人类社会中.

"混沌"在字典中定义为"完全的无序，彻底的混乱."在科学中则定义为：由确定规则生成的、对初始条件具有敏感依赖性的回复性非周期运动.

数学上如何定义混沌？ 1986 年在伦敦召开的一次国际混沌学会议上，有人提出：数学上的混沌系指确定性系统中出现的随机状态.

这个定义显得有些笼统，迪万内（R. L. Devaney）于 1989 年给出一个较严格的定义：

度量空间 X 上的自映射 $f: x \to x$ 满足：

① 该映射的周期点构成 X 的一个稠密集，

② 映射对初始条件有敏感的依赖性，

③ 映射是拓扑遗传的，

则称映射在 X 上是混沌的.

当人们仔细审视这一定义时又发现：在近代，对混沌的理解和研究最早始于前面我们曾提到过的英国物理学家麦克斯韦.

为电磁学发展作出过杰出贡献的麦克斯韦是第一个从科学角度去理解混沌的人，他在研究电磁学理论时已发现了"对初始值敏感依赖性"的系统存在，且指出了它的重要性.

法国数学家庞加莱（R. Poincaré）对混沌的理解更为深入，他在研究动力学系统时引入一个特殊的"三体问题"：

两个质点沿同一圆周运动，第三个质点质量为零，当映射的一个不动点的稳定流形和不稳定流形非平凡相交时，复杂行为（即对初始敏感和周期轨道无限）便出现了.

这显然是出现了混沌现象.

然而，混沌真正作为一门科学来研究只是 1960 年前后的事.

20 世纪 60 年代初，科学家对天气进行计算机模拟的尝试［这种思想源于 1922 年英国物理学家理查森（O. Richardson），他首先提出用数值方法来预报天气］. 天气是一个庞大而复杂的系统，即使你能理解它，却很难准确预测它.

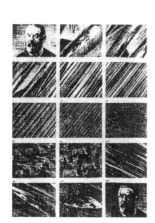

▲ 庞加莱发现的"庞加莱回复". 如果反复地对一个数学系统施加变换，而且这种系统不脱离一个有界区域，则它必无限频繁地接近它的初始状态.

其实，某些简单的数字运算有时也会产生类似的有趣现象，比如"数字黑洞"：某些整数经过反复的特定运算最终归于一或归于某个循环圈的情形.

传统物理学家认为：给定一个系统的初始条件的近似值，且掌握其自身规律，你就可以计算出该系统的近似行为.

对天气系统来讲，上述观念却大失水准. 该系统对初始条件的变化十分敏感（这样初始值的近似显得尤为重要，然而要想获得它的较精确结果却极为困难），小小的差异可能导致不同的后果. 这样一来，天气预报（即天气趋势报告）尽管是人们在大型高速电子计算机上完成的，但迄今为止，两天之内的预报较为准确，第三天的预报准确率至多为 70%，三天以上的预报准确率就更低. 而中长期天气预报，将很难准确.

然而我们必须强调一点，天气的不可预测并不等于天气变化的无规律，只不过其中的奥秘尚未为人们所认知或完全认知而已.

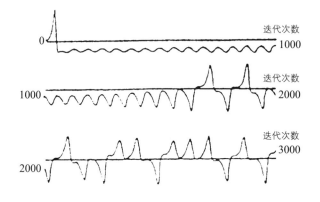

▲天气预报中对流方程进行 3000 次迭代后，振荡渐大，变为混沌.

研究由常量向变量发展是数学发展史上的重要里程碑. 微积分的发明正是这种发展的标志.

随着变量数学的研究、变换，更广义地映射成了数学的一个重要概念，某种意义上它是"函数"概念的拓广.

庞加莱曾指出：反复地对一个数学系统施加同样的变换，若该系统变换后不脱离一个有界区域，则它必将无限地回到接近它初始状态的状态.

混沌学是一门对复杂的巨大系统现象进行整体性研究的科学. 它是从紊乱中总结出条理，从无序中找到规律，把表现的随机性和系统内在的确定性进行有机结合并展现在人们面前.

混沌学的产生及发展得益于三个相互独立的学科或方向进展的汇合. 它们是:

① 科学研究从简单模式趋于复杂系统;

② 计算机科学、技术的迅猛发展;

③ 系统动力学研究的新观点——几何观.

这里①提供了动力,②提供了技术,③提供了认识. 当然你更应珍视数学的魅力,它提供了基础、工具、方法和理论依据.

混沌学在物理上被视为继相对论和量子力学发现后的又一次革命,在数学上被视为与分形同等重要的崭新数学分支,它作为一门新兴学科发展如此迅猛,这首先得益于数学,由于它的加盟使得人们对整个自然界的认识更加细微、更加深邃,这也使混沌学的研究前景更加广阔.

> “混沌”(这个古老的)名词最初表示完全缺乏具体形态或系统排列,而今则常用来表示某种应有的秩序却没有出现.
> ——洛伦兹

> 现实世界的绝大部分不是有序的、稳定的、平衡的,而是充满变化、无序和随机的.
> ——托夫勒

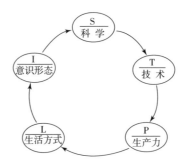

五元环混沌大迭代,将人类社会中生产力与生产关系、上层建筑与经济基础、实践与认识等诸多哲学内涵包罗在一起. 它揭示了人类的生活方式、意识形态和科学、技术、生产力诸因素之间的制约、促进、传递等的协调发展模式.

混沌学在许多国家已作为基础科学的重大项目列入科技发展计划和纲领中.

混沌学的诞生是令人振奋的,因为它开启了复杂系统得以简化的先河;混沌学是迷人的,因为它体现了数学、科学、技术的相互作用和巨大能力;混沌学是美妙的,它除了为人类创造了抽象美之外,也为数学美提供了可见证据;同样,混沌学也给人们带来困惑，因为它导致人们对传统的建模程序的怀疑，使人们不得不重新审视他们的方法和行为．

5.2 抽象带来的数学难题

抽象为数学家提供想象的翅膀和创造的源泉．

至今，数学上仍有许多结论未能被人们证得，这些结论源自数学家洞穿世事的慧眼以及他们所擅长的抽象、归纳、总结．比如"希尔伯特的 23 个数学问题"，21 世纪初克莱数学研究所（CMI）上提出的"七个数学难题"（又称"千年难题"）……这些无疑将为未来的数学家提供机会、课题与挑战．下面我们摘其一二略加介绍．

（1）黎曼猜想

学过微积分的人都知道：以欧拉命名的级数（又称为调和级数）$1 + \dfrac{1}{2} + \dfrac{1}{3} + \cdots + \dfrac{1}{n} + \cdots$ 发散（其和趋于无穷大）．

人们还知道：级数

$$1 + \frac{1}{2^s} + \frac{1}{3^s} + \frac{1}{4^s} + \frac{1}{5^s} + \cdots \qquad (*)$$

当 $s > 1$ 时，收敛；当 $s \leqslant 1$ 时，发散．

欧拉曾给出过 $2 \leqslant s \leqslant 26$ 的全部偶数 s 的和式（*）的具体数值，其中

$$\sum_{k=1}^{\infty} \frac{1}{k^{26}} = \frac{2^{14} \cdot 76977927 \cdot \pi^{26}}{27!!}.$$

但 s 是奇数时，除 $s=1$ 时级数发散，即便 $s=3$ 时其和的精确值至今尚不得知．

以上这些都是在实数范围内讨论的．数学家黎曼首先把级数（*）中分母指数 s 扩展到复数中去，这样便得到一个以 $s = a + b\mathrm{i}$ 为变量的函数：

$$\zeta(s) = 1 + \frac{1}{2^s} + \frac{1}{3^s} + \frac{1}{4^s} + \frac{1}{5^s} + \cdots.$$

它被称为黎曼函数．

黎曼又研究了 $\zeta(s) = 0$ 的问题，他证明了：

s 的实部 $a > 1$ 时，$\zeta(s)$ 无零点；而当 $a < 0$ 时，除了 $s = -2$，$-4, \cdots$ 以外（这种零点叫平凡零点）$\zeta(s)$ 也无零点．

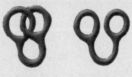

1859 年,黎曼进一步猜测:

$\zeta(s)$ 的非平凡零点,全部在复平面 a=0.5 这条直线上.

这便是著名的黎曼猜想,它至今仍未为人们所证得.

这里再补充一点,黎曼函数的零点在正、负数集上的定义是不同的.

其在负数集上定义为 $\zeta(-n)=-\dfrac{B(n+1)}{n+1}$, 这里 $B(x)$ 是伯努利函数,除 1 外所有奇数伯努利函数值皆为 0.

（2）庞加莱猜想

这个问题是庞加莱于 1904 年提出的,在叙述这个问题之前,我们先来谈谈所谓拓扑变换.

拓扑学(又称橡皮膜几何)是(假想)把图形画在一张弹性极好的橡皮膜上,然后扭曲、拉伸这张膜,称其为拓扑变换. 研究这种变换下几何图形某些性质的几何称为拓扑学.

在拓扑变换下不改变的量(如点的个数等)叫作拓扑不变量. 直观上讲,拓扑变换本质是:两个在变换前无限靠近的点,在变换后仍"无限靠近".

此外,我们前文还谈到所谓欧拉示性数,若多面体的顶点数为 V、棱的条数为 E 和面数为 F,则

$$V-E+F$$

称为欧拉示性数.

数学家发现:欧拉示性数与可定向性是两个拓扑不变量.

庞加莱猜想即是属于拓扑学范畴的.

19 世纪人们已经认清了二维流形(曲面拓扑)上光滑紧可定向曲面种类,即曲面可依亏格(直观上可理解为"洞"的个数)来分类.

二维球面上每条封闭简单曲线可连续收缩到一个点. 然而高维情形则困难得多.

▲二维流形上的曲面可依其上"洞"的个数分类.

1904年，庞加莱提出：没有空洞、没有形如莫比乌斯扭曲、没有手柄、没有边缘的三维流形（超曲面）是否必与一个三维（超）球面拓扑等价？

用稍微专业的数学语言可表述为：若一光滑三维紧流形（compact manifold）M^3 上每条简单闭曲线可连续收缩到一个点，那么 M^3 同胚于三维球 S^3 吗？（即每个单连通闭三维流形是否同胚于三维球？）

20 世纪中叶，对于基本群研究取得了进展，加之了解到基本群与一般流形研究的紧密联系，人们发现上述问题在高维流形上的研究（即推广情形）要比三维容易。

1960 年，斯梅尔证明了较大维数流形上"庞加莱猜想"成立。而后，斯塔林格斯（J. Stallings）证明了不低于七维的流形上庞加莱猜想成立。稍后，塞曼（E. C. Zeeman）证明了五维和六维的情形。

20 年后，1981 年弗利德曼（M. Freedman）证明了四维流形上的"庞加莱猜想"成立。

至此，四维及以上流形上的庞加莱猜想获解，但三维流形上的情形（庞加莱猜想的原始命题），研究一直裹足不前。

2003 年 4 月俄罗斯斯捷克洛夫数学研究所的佩雷尔曼（C. Perelman）在麻省理工学院的三次讲座中给出庞加莱猜想一个"可能的、不拘一格的"证明（此前，即 2002 年 11 月、2003 年 3 月他先后在互联网上公布了两个电子邮件，给出一个与猜想证明有关的蕴涵流形曲率的发展方程）。

2006 年 8 月，在西班牙首都马德里召开的第 25 届国际数学家大会（ICM）上，人们对佩雷尔曼的工作给予肯定，且宣称"庞加莱猜想"获解，并将当年的菲尔兹奖授予了他，尽管他放弃了。

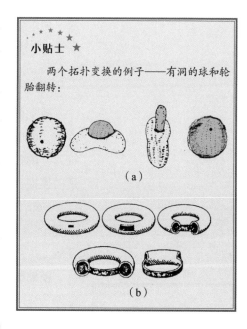

据报载,"封顶"工作(即论证最终完成)由我国数学家朱熹平、曹怀东完成.

5.3 模糊数学

数学的抽象还在于:它不仅能描述现实生活中的某些必然事物,同时它还能描述某些偶然事件(这便是"概率论和数理统计"的任务);它不仅能描写某些精确现象,同时还能描述大量的模糊现象.

1965 年美国数学家扎德(L. A. Zadeh)所创立的"模糊集合理论",已成功地应用在自动控制、模式识别、经济活动等许多领域.

模糊数学实际上是将事物属性的 0,1 二值逻辑(比如对应电路的关与开,问题回答时的非与是等),转化到逻辑值取区间 [0,1] 上的连续值(它是用隶属度来描述的)的新学科. 如此一来,现实世界中大量的所谓模糊事物得以较精细的描述,比如"高个子"本身是一个模糊概念,简单地回答一个人是否高个,在不同人群,不同场合,都较难用"是"或"不是"来回答. 引入隶属度后,比如对于成年男性来讲高个子隶属度(即称为高个子的资格)可如下表所述:

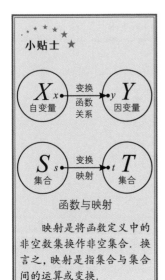

身高	1.8 m 以上	1.75 m	1.70 m	1.60 m	1.50 m
高个子隶属度	1	0.9	0.7	0.3	0.1

这样,再描述一个成年男性是否高个子就更细微了.

有了隶属度概念,这为人工智能研究提供了工具与方便,换言之,它可以使电子计算机变得更"聪明"(此前电子计算机正是使用 0 或 1 这种二值逻辑).

不太确切的比喻:模糊数学是数学中的朦胧诗.

如此看来,模糊数学并不模糊.

5.4 数学的统一

世界的统一性在于它的物质性,宇宙的统一性表现为宇宙的统一美. 因而能揭示宇宙统一的理论,即被认为是美的科学理论.

毕达哥拉斯认为宇宙统一于"数";德谟克利特认为宇宙统一于原子;柏拉图认为宇宙统一于理念世界;中国古人认

为宇宙通过阴阳五行，统一于太一；笛卡儿认为宇宙统一于以太……

一个基本概念最少的逻辑体系，使它具有可想象的最大统一性——这种科学理论便具有了科学的审美价值，并可以满足人们追求自然界内涵美的欲望．这种对统一的科学美的理论追求，促使一代又一代的科学家从杂乱中寻找条理、从纷繁中探求统一（概念及其关系逻辑的统一）．

古希腊人早在两千多年前就知道的知识：如下图，全部二次曲线：椭圆、抛物线、双曲线都统一在圆锥里，即它们都可以通过不同平面去截圆锥面而得到（这也正是圆锥曲线名称的来历）．

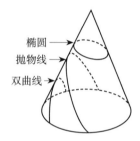

当然人们不会忘记圆锥曲线在极坐标下的方程：

$$\rho=\frac{ep}{1-e\cos\theta},$$

其中参数 $e<1$ 表示椭圆；$e=1$ 表示抛物线；$e>1$ 表示双曲线．

奇妙的是，圆锥曲线与物理或航天学中的三个宇宙速度问题也有联系：当物体运动分别达到该速度时，它们的轨道便是相应的圆锥曲线，如下表所示．

速度	第一宇宙速度	第二宇宙速度	第三宇宙速度
轨道	椭圆	抛物线	双曲线

提到数学的联系，我们还可以举出许许多多的例子，就拿所谓"黎曼猜想"来说，它属于现代分析问题，但这个问题却与"数论"的许多问题都有联系：它的成立可以改进许多"数论"中的成果．

前文我们提到过黄金数 $\omega=0.618\cdots$，杨辉三角形和斐波那契数列 $\{f_n\}$：1，1，2，3，5，8，…（它的特点是以 1，1 打头，且从第三项起每一项总等于它前面相邻两项之和，见前文），这些看上去是风马牛不相及的东西，却有着耐人寻味的联系：

斐波那契数列前后两项之比的极限（随项数的增加）是 ω，即 $\lim\limits_{n\to\infty}\dfrac{f_n}{f_{n+1}}=\omega$.

将杨辉三角形改写成下图的形状，然后再让它沿图中斜线（虚线）相加之和记到竖线左端，它们分别是 1，1，2，3，5，8，…，即斐波那契数列.

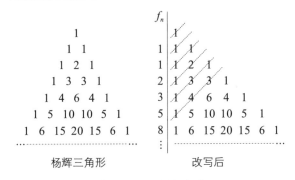

杨辉三角形　　　　　　改写后

再来看我们前文曾提到过的欧拉公式
$$e^{i\theta}=\cos\theta+i\sin\theta,$$
它把指数与三角函数联系起来了，更为有趣的是，当 $\theta=\pi$ 时
$$e^{i\pi}+1=0,$$
它把 1，0，i，π，e（这些数分别来自代数、数论、几何和分析）这五个最重要的数统一在一个式子里.

它还有下面的几何解释：

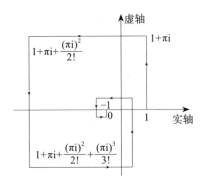

如图所示，$e^{\pi i}$ 展开式在复平面（高斯平面）逐点描出后，形成一个螺旋绕向 $\cos\pi+i\sin\pi=-1$.

数学的统一构建在数学的抽象性基础上，没有数学的抽象，数学的统一则无从谈起．这种抽象往往通过数学公理化来完成．

把数学用公理化统一起来，是数学家的共同心愿．

6．数学中的猜想

数学中有许多猜想，它们都是那么有趣、那么奇妙、那么耐人寻味．然而，你若不正确了解与对待，有时也会陷入困境．因为有的猜想貌似平常（简单），其中却蕴含着深刻的、引人入胜的奥妙．

1844 年卡塔兰（E. C. Catalan）猜想：8 和 9 是仅有的、连续的、都是正整数幂的自然数（ $8=2^3$， $9=3^2$ ）．

100 多年后直至 1962 年该猜想才由我国数学家柯召证得，他还证明了，不存在 3 个及 3 个以上连续自然数皆为某些正整数幂的情况．

6.1 "猜想"毕竟只是"猜想"

我们知道：数学中的猜想多来自不完全归纳法，而不完全归纳往往是不完整的，它不足以论断命题的真伪，历史上有过不少"猜想"被推翻的事例．

费马在验证了当 $n=0$，1，2，3，4 时， $F_n=2^{2^n}+1$ 是素数后便宣称：

n 取任何自然数时 F_n 都是素数．

几十年后，欧拉指出 $F_5=641\times 6700417$，它已不再是素数．

到目前为止，当且仅当 n 为上述五个整数时 F_n 才是素数．正是这位指出别人毛病的数学大师欧拉，也提出过错误的猜想．

欧拉曾提出一猜想（下面是其特例情形）
$$x^5+y^5+z^5+w^5=t^5$$
无（正）整数解（没有整数满足该等式），但 1960 年美国数学家给出 $27^5+84^5+110^5+133^5=144^5$．

莱布尼兹发现：$3\mid n^3-n$，$5\mid n^5-n$，$7\mid n^7-n$（ n 为奇数），于是猜测：

对于奇数 k，总有 $k\mid n^k-n$，但 $9\nmid 2^9-2$（ $=510$ ）．

苏联数学家格拉维（Grave）猜测：

若 p 为素数，则 $p^2\nmid 2^{p-1}-1$．

这个结论对于 $p < 1000$ 皆真, 但 $1093^2 \mid 2^{1093-1}-1$ ($=2^{1092}-1$).

再如, 苏联数学家契巴塔廖夫 (A. C. Чеботарев) 发现

$x-1=x-1$,

$x^2-1=(x-1)(x+1)$,

$x^3-1=(x-1)(x^2+x+1)$,

$x^4-1=(x-1)(x+1)(x^2+1)$,

$x^5-1=(x-1)(x^4+x^3+x^2+x+1)$,

$x^6-1=(x-1)(x+1)(x^2+x+1)(x^2-x+1)$,

$$\vdots$$

于是他猜测: x^n-1 分解为不可再分解的且具有整系数的因式之后, 各系数的绝对值均不超过 1.

没想到, 伊万诺夫 (B. Иванов) 却得到了反例: 当 $x^{105}-1$ 时, 它有质因式

$x^{48}+x^{47}+x^{46}-x^{43}-x^{42}-2x^{41}-x^{40}-x^{39}+x^{36}+x^{35}+x^{34}+$

$x^{33}+x^{32}+x^{31}-x^{28}-x^{26}-x^{24}-x^{22}-x^{20}+x^{19}+x^{18}+x^{15}+$

$x^{14}+x^{13}+x^{12}-x^9-x^8-2x^7-x^6-x^5+x^2+x+1$,

其中 x^{41} 和 x^7 的系数均为 -2, 其绝对值大于 1. 猜想被成功否定, 这方面的例子也不少, 比如埃尔特希猜想:

方程 $x^x y^y = z^z$, 当 $x > 1$, $y > 1$, $z > 1$ 时无解.

这个猜想于 1940 年被否决. 比如 (12^6, 6^8, $2^{11}3^7$), (224^{14}, 112^{16}, $2^{68}7^{15}$) 等即为方程解.

6.2 看上去也许简单

有些猜想至今未能获解. 比如: 鲁弗斯 (Rufus) 认为

$1+2=3$ 是 $1^n+2^n+\cdots+(m-1)^n=m^n$ 仅有的平凡解.

莫斯尔 (Leo Moser) 验证了 $m < 10^{106}$ 时结论均成立; 但一般情形未果.

又如埃斯科特 (Escott) 猜想:

方程 $x^n+(x+1)^n+\cdots+(x+k)^n=(x+k+1)^n$ 仅有 $1+2=3$, $3^2+4^2=5^2$, $3^3+4^3+5^3=6^3$ 三组解.

我国数学家柯召等人证明了当 $1 \leqslant n \leqslant 33$ 时结论为真 (同时解决了 n 为奇数的情形).

著名的猜想往往出自大数学家之手, 虽然有些看上去很简单, 但其中都蕴含着极为深刻的数学内涵, 这也正是不少貌似简单的

猜想长期以来未能被人证得的原因.

1621 年,法国数学家巴契特（Bachet）发现：

每个自然数都可由不超过四个整数的平方和表示.

它是一个貌似简单的问题,然而却难倒了不少数学家,虽经数十年的光阴使问题得以解决,然而由此却又引出新的猜想——华林问题,它至今尚未完全解决.

6.3 观察、总结、猜想

猜想并不是"臆断",它往往有着雄厚的基础. 猜想常来自观察和思索,即使这样,猜想仍有可能不正确. 没有依据,漫天胡猜,更是站不住脚的. 著名的猜想,往往经过了数学家们的大量演证,也包含数学家们对此问题的深思远虑.

来看一个例子. 有人提出 $n \geqslant 1$ 时 $991n^2+1$ 均不是完全平方数. 经过不停地寻找证明,后来人们发现

$$n=12055735790331359447442538767 \text{ 时},$$
$$991n^2+1 \text{ 是完全平方数}.$$

我们在中学数学中知道阶乘

$$n! = n \times (n-1) \times \cdots \times 2 \times 1.$$

今考察

$$3! - 2! + 1! = 5,$$
$$4! - 3! + 2! - 1! = 19,$$
$$5! - 4! + 3! - 2! + 1! = 101,$$
$$6! - 5! + 4! - 3! + 2! - 1! = 619,$$
$$7! - 6! + 5! - 4! + 3! - 2! + 1! = 4421,$$
$$8! - 7! + 6! - 5! + 4! - 3! + 2! - 1! = 35899.$$

> **小贴士** ★
>
> $n!+1$ 为完全平方数,在 $n!+1$ 中完全平方数仅有下面三例：
> $$4!+1=5^2;$$
> $$5!+1=11^2;$$
> $$7!+1=71^2.$$
> 这是 1876 年布罗卡尔（H. Brocard）提出的猜想.
> 2000 年伯恩特验证了 $n<10^9$ 的情形,均无例外.

这些数左边有规律,右边恰好说明是素数. 你也许据此会猜到它的普遍性,然而按此规律的下一个（它是从 9! 开始）却是 $326981 = 4139 \times 79$,它已不再是素数.

再如我们前面介绍过的"乌兰现象",也是一种猜想. 虽然没有能够证明它,但不少人却从中发现一些素数的奇妙性质.

下面的一个猜想看上去也许不难.

1958 年美国人吉尔布莱思（N. O. Gilbreath）发现：

将素数依次排列：

$$2, 3, 5, 7, 11, 13, 17, 19, 23, 29, 31, \cdots,$$

求其相邻两数差：

$$1, 2, 2, 4, 2, 4, 2, 4, 6, 2, \cdots,$$

不断重复上面的运算可有：

$$1, 0, 2, 2, 2, 2, 2, 2, 4, \cdots,$$
$$1, 2, 0, 0, 0, 0, 0, 2, \cdots,$$
$$1, 2, 0, 0, 0, 0, 2, \cdots,$$
$$1, 2, 0, 0, 0, 2, \cdots,$$
$$1, 2, 0, 0, 2, \cdots.$$

他猜想：这些数列打头的都是 1.

1959 年凯尔戈洛夫验算了前 63419 个素数，结论真；1993 年奥利兹科（A. Odlyzko）验证了 10^{13} 以内的素数，结论亦真.

但一般情形至今却未能获证.

6.4   几个著名的猜想

前文已述数学中的许多结论的发现，都是靠猜想（多依据不完全归纳法）得到的，下面看几个较著名的猜想.

①哥德巴赫猜想

德国数学家哥德巴赫（C. Goldbach）在验算了

$$6=3+3, \ 8=3+5, \ 10=3+7, \ 12=5+7,$$
$$14=3+11, \ 16=5+11, \ 18=5+13, \ \cdots$$

之后，于 1742 年 6 月 7 日写信给欧拉问道："任何大于 6 的偶数均可以表示为两个奇素数之和吗？"欧拉的回信说他不能证明，但他对猜想的正确性并不怀疑.

▶ 1978 年 2 月 16 日《光明日报》刊登作家徐迟的报告文学《哥德巴赫猜想》.

19 世纪末到 20 世纪初，不少人做了许多工作，但距问题的最终解决尚有差距．尽管有人验算到 33×10^6 以内的偶数，结论全对．

②费马猜想

这个问题我们前文有述，这儿再简述一下．

"费马猜想"用当今数学语言描述为：

当 n 是大于 2 的整数时，方程 $x^n + y^n = z^n$ 没有正整数解．

这个问题经历了大约三百个年头，然而仍未将它解决（新近在此问题研究上有了突破），尽管费马在一本他读的数学书的空白处曾写道："我得到了这个问题的惊人的证明，但这页书边太窄，不容我把证明写出来．"

直到 1983 年德国一位青年数学家法尔丁（Falting）证明了"莫德尔猜想"的一个结果，且由此证明了：

若 $x^n + y^n = z^n$（$n \geqslant 3$）有整数解，则对每个 n 来讲，解是有限的．

它被视为"费马猜想"证明的突破进展．

1995 年，《数学年刊》上刊载了怀尔斯的"椭圆曲线与费马大定理"的文章，宣告困扰人们的费马大定理（费马猜想）终于获解．

我们已经说过：猜想并非每个都成立．尽管如此，猜想对数学的发展起着十分重要的推动作用．下面是数论中三个有趣的猜想，它们有的至今仍未获证．

③孪生素数猜想

相差是 2 的两个素数叫孪生素数．比如：3，5；5，7；11，13；17，19；29，31；41，43；59，61；71，73；….

从上可看出：随着数字增大，这种数对越来越稀疏．

但它有无尽头？

人们提出猜测："在自然数中有无穷多对孪生素数．"这便是孪生素数猜想．

数目越大，验算起来越困难，这使得寻找孪生素数问题变得艰巨，但电子计算机总可以帮助人们去工作．

1978 年，有人发现了一对 303 位的孪生素数，1979 年，人们发现了两对 703 位的孪生素数，它们分别是

$$694503810 \cdot 2^{2304} \pm 1, \quad 1159142985 \cdot 2^{2304} \pm 1.$$

1993 年，杜布内尔发现一对 4030 位的孪生素数

$$3 \cdot 2^{4025} \cdot 5^{4020} \cdot 7 \cdot 11 \cdot 13 \cdot 79 \cdot 223 \pm 1,$$

即

$$1692923232 \cdot 10^{4020} \pm 1.$$

2013 年，旅美华裔数学家张益唐证明了"存在无穷多个其差小于 7×10^7 的素数"，这堪称是对孪生素数猜想证明的突破（成果不断改进，至 2014 年年初，这个 7×10^7 间隔已降至 246）.

至 2020 年人们找到的最大孪生素数是

$$2996863034895 \cdot 2^{1290000} \pm 1.$$

④富钦猜想

英国人类学家富钦（Fugin）注意到一个奇妙的数字现象：

从最小的素数 2 开始，乘上一些相继的素数再加上 1，然后找出比这个数大的下一个素数，再从这个素数中减去上述连乘积，则结果全部是素数. 比如：

$E_1 = 2 + 1 = 3$，下一个素数是 $p = 5$；

$E_2 = (2 \cdot 3) + 1 = 7$，下一个素数是 $p = 11$；

$E_3 = (2 \cdot 3 \cdot 5) + 1 = 31$，下一个素数是 $p = 37$；

$E_4 = (2 \cdot 3 \cdot 5 \cdot 7) + 1 = 211$，下一个素数是 $p = 223$；

$E_5 = (2 \cdot 3 \cdot 5 \cdot 7 \cdot 11) + 1 = 2311$，下一个素数是 $p = 2333$；

$E_6 = (2 \cdot 3 \cdot 5 \cdots 11 \cdot 13) + 1 = 30031$，下一个素数是 $p = 30047$；

$E_7 = (2 \cdot 3 \cdot 5 \cdots 13 \cdot 17) + 1 = 510511$，下一个素数是 $p = 510529$；

$E_8 = (2 \cdot 3 \cdot 5 \cdots 17 \cdot 19) + 1 = 9699691$，下一个素数是 $p = 9699713$；

接下来看下面诸算式（由上面产生的素数再运算，即 $F_n = p - E_n + 1$）：

$F_1 = 5 - 2 = 3$，$F_2 = 11 - (2 \cdot 3) = 5$，$F_3 = 37 - (2 \cdot 3 \cdot 5) = 7$，

$F_4 = 223 - (2 \cdot 3 \cdot 5 \cdot 7) = 13$，$F_5 = 2333 - 2310 = 23$，

$F_6 = 30047 - 30030 = 17$，$F_7 = 510529 - 510510 = 19$，

$F_8 = 9699713 - 9699690 = 23, \cdots$.

富钦猜想：按照他的办法所得到的数 F_n 都是素数.

⑤相差连续偶数和的素数列猜想：

请你注意下面的运算

$41 + 2 = 43$，$43 + 4 = 47$，$47 + 6 = 53$，$53 + 8 = 61$，$61 + 10 = 71$，

71+12=83，83+14=97，97+16=113，113+18=131，

……

即从 41 开始，加 2 后得到的数再加 4，得到的数再加 6……如此下去直到第 41 个数之前得到的数全是素数.

从某数 a 开始按照这种规律得到的数，全部是素数的最大 a 是多少？这便又是一个问题（猜想）.

数学中还有许多有趣猜想（你也能发现几个吗？），有些貌似简单，但是要证明它们却远不是一件轻松的事，这也正是数学猜想有着无穷魅力的原因所在.

⑥ ABC 猜想

对于互素整数 a，b，令 $c=a+b$，记数组（a，b，c）.

若 q_1，q_2，$\cdots$，q_k 为 abc 的互素异因子，则 $c<d=\prod\limits_{i=1}^{k}q_i$ 一般会成立. 人们将 $\prod\limits_{i=1}^{k}q_i$ 常记为 rad（abc），有时也记为 Q.

当然也有例外，比如（3，125，128）. 荷兰莱顿大学的数学家牵头的研究小组，在计算机上找到 2380 万个反例（2006 年）.

若记 $Q=\prod\limits_{i=1}^{k}q_i$，则对于 $0<\varepsilon<1$，则 $c<Q^{1+\varepsilon}$ 的反例变得有限. 上文已述 Q 又记成 rad（abc）.

1985 年英国数学家奥斯达利（J.Oestrié）和法国数学家马瑟（D. Masser）提出：

对于 $\varepsilon>0$，存在 $c_\varepsilon>0$，使 $c<c_\varepsilon Q^{1+\varepsilon}$（或者 $c>Q^{1+\varepsilon}$）.

人们称之为 ABC 猜想，名字是由等式 $a+b=c$ 而来.

1996 年爱伦·贝克（I. Berk）对此作了改进，提出 $c<\varepsilon^{-\omega}Q$. 其中 ω 是 abc 的相异素因子个数.

2012 年，日本京都大学的望月新一在网络上声称证得猜想（据称全球只有十几个人能看得懂，新近（2020 年年初）论文被一重要数学期刊接受）. 此前施皮罗（L. Szpiro）也曾声称证得猜想，不久人们发现了其中的漏洞，从而证明失败.

该猜想与一大批数论中的问题有关联，有人声称，若猜想证得，可使数论中一大批猜想（包括费马猜想）获解.

人们再一次看到：整数通过简单的 +，× 运算产生的复杂性是无穷的.

> ★ ★ ★ ★ ★
> **小贴士 ★**
>
> **ABC 猜想的本质**
>
> 对于 a，b，c 而言，通常会有 $c<$ rad（abc），而猜想要讨论的正是那些例外的情形，这是猜想的本质.
>
> ABC 猜想有不少等价命题.
>
> ABC 猜想名字源自等式 $a+b=c$（猜想的前提或条件）.

▲望月新一.

▲ 希尔伯特.

⑦柯拉柯斯基数列

　　数有许许多多奇妙的性质，只需经过简单的加加乘乘，便会生产出许多课题来，有些难度超乎想象.

　　下面是由柯拉柯斯基（Kolakoski）提出的仅由两个数字 1，2 组成的有趣数列

　　　122 112 122 122 112 112 212 112 122 112 ⋯.

　　看上去这个数列并无规律，也许没有什么稀奇，但当你看到下面它的性质时，你便会惊叹不已.

　　我们把数列中每次出现相同的数字时称为一节，我们可将它分成若干节

$$\underbrace{1}_{1}\,\underbrace{22}_{2}\,\underbrace{11}_{2}\,\underbrace{2}_{1}\,\underbrace{1}_{1}\,\underbrace{22}_{2}\,\underbrace{1}_{1}\,\underbrace{22}_{2}\,\underbrace{11}_{2}\,\underbrace{2}_{1}\,\underbrace{11}_{2}\,\underbrace{22}_{2}\,\underbrace{1}_{1}\,\underbrace{2}_{1}\,\underbrace{11}_{2}\,\underbrace{2}_{1}\,\underbrace{1}_{1}\,\underbrace{22}_{2}\,\underbrace{11}_{2}\,\underbrace{2}_{1}\cdots,$$

而把它们每节中数字的个数依次写下来有

　　　　1 221 121 221 221 121 122 ⋯.

　　请注意它恰好是上面数列的"克隆".

　　我们可以依照上述规律写下去（当然要小心）.

　　也许你会发现，这并不容易. 它到底还有哪些性质？金伯利（C. Kimberling）教授提出下面问题：

　　a. 该数列的通项如何表达？有否？

　　b. 数列中任一片段是否会在数列其他地方出现？

　　c. 某片段实施置换 1→2 且 2→1 后，能否在数列中出现？

　　d. 某片段序列是否仍在数列中出现？

　　e. 数字 1 在数列中出现的频率是否为 0.5 ？

　　人们认为上述五个问题之一获解，其余问题亦获解.

　　关于问题⑤，此前有人给出：1 在数列中出现的频率应小于 0.50084.

　　下面介绍一个数学史上十分重要，且非常困难，但又有用的猜想（我们前文已有述）.

　　⑧黎曼猜想

　　该猜想是说黎曼函数

$$\zeta(s)=\sum_{n=1}^{\infty}\frac{1}{n^{s}}\quad(s=a+bi\in C)$$

的非平凡零点全部集中在 s 的实部 $a=\frac{1}{2}$ 的直线上.

早在 1914 年英国数学家哈代证明了：

$\zeta(s)$ 有无穷多零点在 $a=\frac{1}{2}$ 的直线上（无穷多 ≠ 全部）.

之后，该结果被不断刷新.

年份	发现者	实部位于 $a=\frac{1}{2}$ 的直线上 $\zeta(s)$ 的零点数
1924	塞尔伯格（Selberg）	至少 1%
1972	莱文森（Levinson）	$\frac{1}{3}$
1989	康瑞（B. Conrey）	$\frac{2}{5}$

★ 小贴士 ★

　丹麦数学家格拉姆率先找到 $\zeta(s)$ 的 15 个零点，其中之一为

$s_0=\frac{1}{2}+14.1347251i.$

前文已述 $\zeta(s)$ 的零点的计算很难，它多是用逼夹法试算得到的.

黎曼自己曾找到 $\zeta(s)$ 的 6 个零点：

$$\frac{1}{2}\pm14.135i,\quad \frac{1}{2}\pm21.022i,\quad \frac{1}{2}\pm25.011i.$$

1903 年丹麦数学家格拉姆（Gram）算出 $\zeta(s)$ 的 15 个零点.

至今已算出至少 10^{20} 个 $\zeta(s)$ 的零点.

新近有人宣称证得猜想，但未被数学界认可.

数学猜想是迷人的，适当的猜想常常会促进数学的发展，这往往要待人们正确了解之后.

而猜想获解后会为数学乃至整个科学带来意想不到的结果.比如我们前文介绍过的：

⑨庞加莱猜想

任一单连通封闭的三维流形定与三维球面同胚（1904 年提出）.

通俗地讲：一个没有洞，没有扭曲，没有手柄，没有边缘的三维几何体与一个三维球拓扑等价.

该猜想于 2003 年由俄罗斯数学家佩雷尔曼证得.

天文学家发现，该猜想是追寻宇宙形状的数学，它能提供探索宇宙大小的一种思路、一套方法.

★ 小贴士 ★

拓扑变换

　几何图形不划破，不切断，将其拉伸、弯曲、翻转的变形称为拓扑变换.

　如下图所示，一个圆环可通过拓扑变换变成一个带把的球.

　一个有两个洞的橡皮泥通过拓扑变换黏合成杯子盖.

带两孔的圆饼　拉伸、弯曲　黏合

六、无穷,艰难的旅程

!TWO-YEAR COLLEGE
MATHEMATICS
JOURNAL

VOLUME 13, NUMBER 2   March 1982

THIS ISSUE : Self-reference, TNT,
Shunting, Truth Machines, and Gödel's Incompleteness
Theorem □ Tarr and Fether and Asylums □

▲ 美国数学学会刊物其中一期的封面. 其中的画中画, 昭示着一个无穷过程.

▲ 庄子说:"一尺之棰, 日取其半, 万世不竭." 意思是, 一尺长的棍子, 每天取其长度的一半, 永远 (万世) 取不完. 话语中蕴涵无穷之意. 其数学表现是 $1 = \frac{1}{2} + \frac{1}{4} + \frac{1}{8} + \cdots + \frac{1}{2^n} + \cdots$.

> 无穷大曾经是禁忌.
>
> ——丹齐克
>
> 我看见了它, 但是我不相信它!
>
> ——康托
>
> 无穷! 再没有其他数学问题如此深刻地打动过人类的心灵.
>
> ——希尔伯特

有限在数学中似乎很直白, 人们也不难理解它. 然而对"无穷"的认识, 则另当别论了. 人们对无穷的认识经历了漫长而艰难的历程, 尽管其中不乏数学大师们的参与和研究.

有数学王子之称的德国数学家高斯曾认为:"无穷只是一种比喻……在数学中却是不允许的." 而德国另一位数学家康托以"集合论"形式引入另一种无穷的概念时, 不少人骂他"疯了".

1. 无穷之旅

1.1 无穷的产生

人们对"无穷"的概念是由两个方面引入的, 首先从个数, 比如人们在夜晚观察星空时, 星星多得数不过来; 另外, 人们对某些数的计算 (比如圆周率 π), 发现始终算不尽, 这样它的位数（或计算步骤）是无穷的.

"无穷"这个概念的产生，其进程是十分复杂、缓慢的. 尽管早在两千多年前，欧几里得用反证法巧妙地证明了"素数有无穷多个."

（1）圆周率计算引发的无限过程

前文已述，圆的周长与直径的比值称为圆周率，它是一个无限不循环小数. 欧拉率先将其用 π 表示.

小贴士 ★

欧几里得关于素数无穷多的证明

（反证法）若不然，今假设素数只有有限个，比如 n 个，设它们分别为 p_1，p_2，…，p_n. 今考虑 $p=p_1p_2\cdots p_n+1$：

若它为素数，则与前设素数只有 n 个矛盾；

若它为合数，考虑 $p|p_k$（$k=1$，2，…，n），它总有一个 $\frac{1}{p_k}$ 项，换言之，它不是整数从而与 p 是合数的假设矛盾！

前文我们已提到，在 π 的计算中，圆内接正多边形（常从正三角形或正四边形开始）边数不断加倍时，用该多边形周长不断去近似圆周长，通过算出它与直径的比去逐渐逼近 π 值（此称割圆法，当然方法不止此一种）.

圆内接正三角形　　　圆内接正六边形　　　圆内接正十二边形

1800 年德国数学家普伐夫（J. F. Praf）发现，圆外切与内接正 n 边形边数翻倍时边长的计算公式，若记 a_n，b_n 分别为圆外切与内接正 n 边形边长，则边数翻倍时有：

$$a_{2n} = \frac{2a_n b_n}{a_n + b_n}, \quad b_{2n} = \sqrt{a_n a_{2n}}.$$

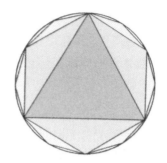

　　此公式对于割圆法计算 π 来讲是重要和方便的. 用圆内接正多边形周长近似圆周长, 且不断将正多边形边数加倍, 可获得越来越精确的圆周率值. 这个过程是无穷的.

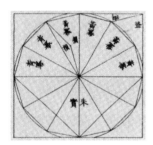

▲ 割圆法求 π.

利用割圆法计算 π 值的一些资料表

年份	发现（明）者	方法及出处	结论
公元前 240 年	阿基米德	割圆法（载《圆的度量》）至正 96 边形	$\frac{223}{71}$ 与 $\frac{22}{7}$ 之间 值约 3.14
150 年	托勒密 （C.Ptolemy）	割圆法 （载《数学汇编》）	$\frac{377}{120} \approx 3.1416$
约 480 年	祖冲之	割圆法至正 192~3072 边形	$\frac{22}{7}$（约率） $\frac{355}{133}$（密率）
约 530 年	阿利亚波塔 （Aryabhata）		$\frac{62832}{20000} = 3.1416$
约 1150 年	婆什迦罗 （Bhāskara）	割圆法至正 384 边形	$\frac{3927}{1250} = 3.1416$
约 1579 年	韦达	割圆法至正 6×2^{16} 边形	3.141592654
约 1585 年	安索尼措恩 （A.Anthoniozoon）		$\frac{355}{113}$
约 1593 年	阿·罗芒乌斯 （A.Romanus）	割圆法至正 2^{30} 边形	小数点后 15 位
约 1610 年	鲁道夫	割圆法至正 2^{62} 边形	小数点后 35 位
约 1630 年	格林贝格 （Grienberger）		小数点后 39 位

▲《隋书·律历志》中祖冲之对圆周率的描述.

三角函数学的出现，使得人们在计算 π 上又多了一种方法：利用反三角函数（特别是反正切函数）. 微积分发明后，又将它与级数联系到一起，从而使得圆周率的计算速度大为提高. π 值计算部分结果（用级数方法）请看下表：

阿基米德　　　刘徽

表示 π 的一些公式表 *

年份	发现（明）者	方法及出处	结论（小数点后）
1699 年	夏普（A. Sharp）	$\frac{\pi}{4} = 1 - \frac{1}{3} + \frac{1}{5} - \cdots$	71 位
1706 年	马青（J. Machin）	$\frac{\pi}{4} = 4\tan^{-1}\frac{1}{5} - \tan^{-1}\frac{1}{239}$ 及上式	100 位
1719 年	朗依（De Lagny）	$\frac{\pi}{4} = 1 - \frac{1}{3} + \frac{1}{5} - \cdots$	112 位
1841 年	卢瑟福（W. Rutherford）	$\frac{\pi}{4} = 4\tan^{-1}\frac{1}{5} + \tan^{-1}\frac{1}{70} + \tan^{-1}\frac{1}{99}$	208 位
1853 年	卢瑟福	同上公式	400 位
1873 年	尚克斯（W. Shanks）	$\frac{\pi}{4} = 4\tan^{-1}\frac{1}{5} - \tan^{-1}\frac{1}{239}$	707 位
1948 年	福格森（D. F. Ferguson）	$\frac{\pi}{4} = 3\tan^{-1}\frac{1}{9} + \tan^{-1}\frac{1}{20} + \tan^{-1}\frac{1}{1985}$	808 位

祖冲之　　　婆罗摩笈多

* 表中最后一列是电子计算机问世前，靠人的手工计算的圆周率的最多位数.

威廉·琼斯　　　欧拉

π 的几个表达式

① $\pi = 2 \cdot \dfrac{2}{\sqrt{2}} \cdot \dfrac{2}{\sqrt{2\sqrt{2}}} \cdot \dfrac{2}{\sqrt{2\sqrt{2\sqrt{2}}}} \cdots$ （韦达，1579 年）.

② $\dfrac{\pi}{2} = \dfrac{2 \cdot 2 \cdot 4 \cdot 4 \cdot 6 \cdot 6 \cdot 8 \cdot 8 \cdots}{1 \cdot 1 \cdot 3 \cdot 3 \cdot 5 \cdot 5 \cdot 7 \cdot 7 \cdots}$ （格林贝格，1630 年）.

约翰·兰伯特　　　高斯

③ $\dfrac{4}{\pi} = 1 + \cfrac{1^2}{2 + \cfrac{3^2}{2 + \cfrac{5^2}{2 + \ddots}}}$ （布龙克尔，1650 年）.

威廉·尚克斯　　魏尔斯特拉斯

④ $\dfrac{1}{\pi} = \dfrac{2\sqrt{2}}{99^2} \sum_{n=0}^{\infty} \dfrac{(4n)!}{(n!)^4} \cdot \dfrac{1103 + 26390n}{396^{4n}}$ （拉马努金，1914 年）.

实算表明，公式④是计算机计算 π 值的最佳公式.

林德曼　　　拉马努金

▲ 与 π "共舞"的数学家们.

⑤ $\dfrac{\pi^2}{6} = \sum\limits_{k=1}^{\infty} \dfrac{1}{k^2}$（1735 年欧拉发现的等式）.

⑥ $\dfrac{\sqrt{\pi}}{2} = \left(\dfrac{1}{2}\right)! = \prod\limits_{n=1}^{\infty} \left(\dfrac{2n}{2n-1} \cdot \dfrac{2n}{2n+1}\right)$（可由 Γ-函数 $\Gamma(x)$ 推得（沃利斯,1650 年））.

上述第①式和第③式是利用无穷级数表示 π 值的. 这也使人更清楚地看到圆周率计算与无穷过程的关系.

此外,为求圆柱或球的体积,人们引入了无限分割与逼近的概念.

（2）芝诺悖论中蕴涵的无穷

两千多年前,古希腊的芝诺（Zeno）提出下面的悖论:

"飞毛腿"阿喀琉斯（Achilles）永远追不上龟.

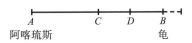

$$A \qquad\qquad C \quad D \quad B$$
阿喀琉斯　　　　　　　　　　　　龟

阿喀琉斯是希腊神话传说中的人物,善跑. 龟在阿喀琉斯所在 A 点的前面 B 点,尽管阿喀琉斯的速度可能是龟的 k 倍,但当阿喀琉斯追到 AB 的中点 C 时,龟又向前爬了 $\dfrac{AB}{2k}$;阿喀琉斯又向前跑了 CB 的中点 D 时,龟又向前爬了 $\dfrac{AB}{4k}$……如此下去,阿喀琉斯永远追不上龟.

这个故事里有两个层面的意思:

一是悖论中已出现"无穷"思想（过程）;

二是隐含 $\dfrac{1}{2} + \dfrac{1}{4} + \dfrac{1}{8} + \cdots + \dfrac{1}{2^n} + \cdots = 1$.

亚里士多德驳斥芝诺观点时,在其所著《物理》一书中是这样陈述这个故事的:

① 为了穿越间隔 AB,必须穿越所有子间隔

$$\frac{1}{2^n} AB, \quad n=1,2,3,\cdots;$$

② 有无穷多个这样的子间隔;

③ 不能在有限时间穿越无穷多个子间隔;

④ 从而不能穿越 AB.

不可公度线段

约公元前370年，古希腊数学家欧多克斯（Eudoxus）提出比例的理论，从几何角度解决了不可公度问题，且将它和数（无理数）联系起来.

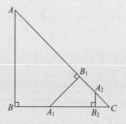

为简化计，今改证等腰直角三角形斜边与直角边不可公度.

用反证法. 若不然，今存在一线段 a，使 AB，AC 均为 a 的正整数倍.

今在 AC 上取一点 B_1，使 $AB_1=AB$，作 $A_1B_1 \perp AC$ 交 BC 于 A_1，则 $CB_1=A_1B_1=A_1B$.

由 $CB_1=AC-AB$，因 AC，AB 皆为 a 的整数倍，故 CB_1 亦为 a 的整数倍.

由 $A_1C=BC-A_1B=BC-CB_1$，知 A_1C 亦为 a 的整数倍.

在 Rt $\triangle A_1B_1C$ 中，由上证知 A_1C 与 A_1B_1 也是可公度的，故可重复前过程，得到一个更小的 Rt $\triangle A_2B_2C$，其斜边 A_2C 与直角边 A_2B_2 可公度，它们都是 a 的正整数倍.

如此重复做下去，可得 Rt $\triangle A_nB_nC$ 使其斜边 A_nC 与直角边 A_nB_n 均为 a 的正整数倍.

这样 $A_nB_n \geq a$，但由作法知 $A_nB_n < \frac{1}{n}AB$，当 n 充分大时，$\frac{1}{n}$ 可任意小，从而与 $A_nB_n \geq a$ 矛盾！

故 AB 与 AC 可公度的假设不真，即 AB，AC 不可公度.

（3）希帕索斯发现无理数——无限不循环小数

古希腊毕达哥拉斯学派的人们认为：任何数皆可以用两整数之比的形式来表示，即 m/n 形式（其中 m，n 是整数）. 这个问题我们前文已述.

就在学派团体为毕达哥拉斯定理（勾股定理）的发现而举行"百牛大祭"之时（宰杀 100 头牛摆宴庆贺），希帕索斯（Hippasus）发现了由该定理引发的边长是 1 的正方形（单位正方形）对角线长不能用两整数之比表示. 换言之，（单位）正方形对角线与其边长不可公度.

希帕索斯曾为他的发现付出沉重的代价（据说被学派成员抛入大海）. 希帕索斯的证明是这样的（见下图）：

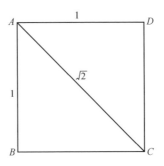

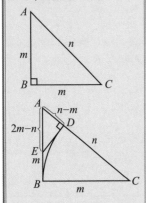
（反证法）若 AC 为正方形 $ABCD$ 的对角线. 假定 AB 与 AC 是可公度的,设它们是某线段 a 的不同倍数,比如 $AB=na$,$AC=ma$（m,n 是正整数）,则由毕达哥拉斯定理可得

$(ma)^2=(na)^2+(na)^2$,化简后有 $m^2=2n^2$.

若 m, n 不同时为偶数（若同为偶数,则缩半即可）,设 m 是偶数,n 必为奇数.

令 $m=2t$,则有 $4t^2=m^2=2n^2$,故 $2t^2=n^2$,从而 n 是偶数,与前设矛盾!

因此正方形对角线 AC 与 AB 不可公度,换言之,AC 不能表示成两整数之比的形式.

这个结论也可用纯几何办法证得,那样的话,这个过程将是无限的（反复比较,见下图）.

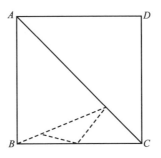

由于若 $AB=1$ 有 $AC^2=2$,则 $AC=\sqrt{2}$,这样一来无理数——无限不循环小数诞生了.

其实在我国古书《九章算术》中"少广"篇里已有开方运算（涉及面积、边长）:"置积为实……若开之不尽,当以面命之."此即说:知正方形面积（为 S）,其边长开方求得,若开不尽,则用面积（用今天的数学符号表示为 $\sqrt{S}$）表示.

其实分数化为小数时，循环小数本身就是一种无穷运算过程．比如 $\frac{1}{7}$ 化为小数时：

$$
\begin{array}{r}
0.142857 \\
7\overline{\smash{)}10} \\
\underline{7} \\
30 \\
\underline{28} \\
20 \\
\underline{14} \\
60 \\
\underline{56} \\
40 \\
\underline{35} \\
50 \\
\underline{49} \\
1
\end{array}
$$

（此后开始循环）

除法还可以重复做下去，但似乎已经意义不大，故 $\frac{1}{7}$ 化为小数时可写成 $\frac{1}{7} = 0.\dot{1}4285\dot{7}$，其中 142857 为循环节．循环小数中的"循环"本身就潜藏着无穷思想或过程．

由此可产生一个十分有趣的数字现象：当 142857 分别用 2，3，4，5，6 去乘时，所得的积仍是由上述 6 个数字组成的数．当它乘以 7 时会发生突变：

$$142857 \times 7 = 999999.$$

此外，142857 还有如下性质：

当它分别乘以 8~13 时，积还会出现其中的 5 个数字，只是首尾有变：

$142857 \times 8 = 1\ \underline{14285}\ 6$（除去首尾，少数字 7）；

$142857 \times 9 = 1\ \underline{28571}\ 3$（除去首尾，少数字 4）；

$142857 \times 10 = 1\ \underline{42857}\ 0$（除去首尾，少数字 1）；

$142857 \times 11 = 1\ \underline{57142}\ 7$（除去首尾，少数字 8）；

$142857 \times 12 = 1\ \underline{71428}\ 4$（除去首尾，少数字 5）；

$142857 \times 13 = 1\ \underline{85714}\ 1$（除去首尾，少数字 2）.

当该数乘以 14（7 的倍数）时，发生突变：

$142857 \times 14 = 1\ \underline{99999}\ 8$（除去首尾，中间出现 5 个 9）.

微积分的诞生使人们开始系统而有效地使用无穷大（小）的概念，此外诸如序列、极限、积分、无穷级数等概念的出现，使得无穷的使用更加自然而流畅．这之后直至实数体系的建立才对无穷大（小）有了精确刻画的手段．

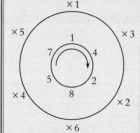

康托建立的"集合论"使人们又从另一层面认识了"无穷"这个概念.

最早由开普勒尝试做积分研究, 即如何量度由曲面包围起来的物体体积问题. 牛顿和莱布尼兹的主要成果均源自物理学和几何学.

牛顿发明的"流数", 本质上是为了力学 (或光学). 莱布尼兹则是从几何入手, 讨论了曲线的切线和面积问题, 得到一般的微分和积分的概念, 使之成为两种新的 (互逆) 数学运算.

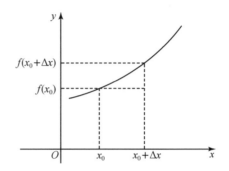

"积分"说得直白些即是"求和"过程的无限细化, 即积分求和是一个无限过程.

欲求曲边梯形 $ABCD$ 的面积 (CD 为弧):

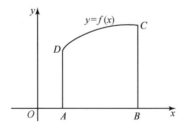

如下图所示, 可以通过下述步骤求得近似值:

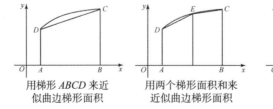

用梯形 $ABCD$ 来近似曲边梯形面积　　用两个梯形面积和来近似曲边梯形面积　　用四个梯形面积和来近似曲边梯形面积

这样不断地增加梯形个数，且用这些梯形面积之和来近似曲边梯形面积.

显然，计算越来越精确，无穷地做下去，即得曲边梯形面积. 它是一个函数的积分，记为 $\int_a^b f(x)\,\mathrm{d}x$.

1.2 莫比乌斯带与无穷大符号

一张纸，一块布……你可根据它们的形状区分它的正面和反面，可现实中是否存在着没有正反面的曲面？

把一条长的矩形纸带扭转 180° 后，再把两端粘起来，这就成了一个仅有一个侧面的曲面（无正反面），它被人们称为莫比乌斯带，由德国数学、天文学家莫比乌斯（A. F. Möbius）在 1858 年发现.

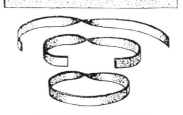

矩形带扭转 180°

两端粘起来

得到莫比乌斯带

▲ 莫比乌斯带的形成图示.

▲ 莫比乌斯.

莫比乌斯带的出现，使人们对于正、反面概念有了新的认识. 从另外的角度看，这种曲面是一条永远走不到尽头的（有限）曲面.

一支笔沿莫比乌斯带表面移动（不离开曲面），不久它又回到起点.

一只蚂蚁可以爬过莫比乌斯带的整个曲面而不必跨越它的边缘. 这是拓扑学中的一个著名问题.

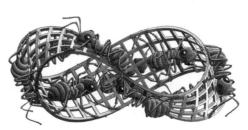

▲ 莫比乌斯带（埃舍尔）.

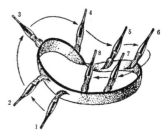

▲ 一支笔沿莫比乌斯带表面移动（不离开曲面），不久它又回到起点.

▲ 模仿莫比乌斯带而设计的儿童游戏设施.

▲ 人可以走过莫比乌斯带的整个曲面而不必跨越它的边缘（示意图）.

▲ 莫比乌斯带形状的雕塑.

数学中 1+2+3+⋯ 是一种无穷（无穷大），它没有上界，当然这种永远不到头显然体现一种无穷. 难怪有人认为，数学符号 ∞（无穷大）正是莫比乌斯带在平面上的投影. 看来，从某种意义上讲，"循环"也是一种无穷. 数学中还有许许多多的无穷，比如调和级数 $\sum_{k=1}^{\infty} \frac{1}{k}$ 也是一种无穷（大）. 这里要强调一点，无穷大是一个极限过程，而不是一个数.

和莫比乌斯带相似或其推广的三维封闭图形叫克莱因瓶，它是德国数学家克莱因 1882 年发现的. 这种瓶也只有一个侧面.

从拓扑学观点看，克莱因瓶实际上是两条莫比乌斯带沿边缘黏合而成，当然它可以实际想象为环面（比如自行车内胎）翻转而成.

小贴士 ★

调和级数与无穷大

级数 $\sum_{k=1}^{\infty} \frac{1}{k}$ 称为调和级数，它是发散的，即

$$\sum_{k=1}^{\infty} \frac{1}{k} = \infty.$$

欧拉发现 $\sum_{k=1}^{n} \frac{1}{k} \sim \ln n$（$n$ 很大时），更精确地表示为

$$\lim_{n \to \infty} \left(\sum_{k=1}^{n} \frac{1}{k} - \ln n \right) = \gamma,$$

其中 $\gamma = 0.577215664\cdots$ 称为欧拉常数.

▲ 克莱因.

▲ 克莱因瓶.

说到无穷（大）我们讲一个有趣的例子.

一只虫子以 1cm/s 的速度在一根长 1m 的橡皮绳子（能伸缩，不会拉断）上从一端爬向另一端，虫子爬完 1cm 时，绳子便伸长 1m，试问虫子（如果虫子长生不老）可否爬到绳子另一端？

乍一想似乎不可能，但数学计算告诉我们，倘若虫子长生不死，它总可爬到绳子另一端.

设绳子总长为 1，由于橡皮绳不断伸长，虫子在第 1，2，3，… 秒时分别爬了绳子的 $\frac{1}{100}$，$\frac{1}{200}$，$\frac{1}{300}$，…，这样 k 秒后虫子爬了

$$S_k = \frac{1}{100} + \frac{1}{200} + \frac{1}{300} + \cdots + \frac{1}{k\cdot 100}$$
$$= \frac{1}{100}\left(1 + \frac{1}{2} + \frac{1}{3} + \cdots + \frac{1}{k}\right).$$

虫子爬到另一端即 $S_n=1$.

由于 $1 + \frac{1}{2} + \frac{1}{3} + \cdots$ 可以任意大，故只需它等于 100 即可.

还有一个摆砖问题也与调和级数有关.

2 块、3 块、4 块同样的砖，让它们尽量探出头摆起来而不坍塌，方法可如下图所示（由物理学原理推算得）：

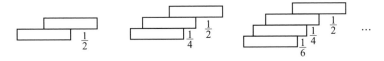

图中数字表示砖头露出部分占砖的长度比，由此可知，k 块砖头的放法如下：

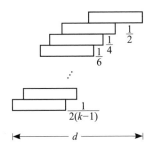

这些砖头摆放后的总长 d 为（设砖长为 1）：

$$d = 1 + \frac{1}{2} + \frac{1}{4} + \frac{1}{6} + \cdots + \frac{1}{2(k-1)}$$
$$= 1 + \frac{1}{2}\left(1 + \frac{1}{2} + \frac{1}{3} + \cdots + \frac{1}{k-1}\right)$$

（这也彰显此种摆法中，砖可以无限地摆下去）.

显然这里又遇到了调和级数，仿前例可计算出 $1 + \frac{1}{2} + \frac{1}{3} + \cdots + \frac{1}{k-1}$ 的大约值.

小贴士 ★

1657 年费马曾断言：方程 $x^2 - dy^2 = 1$ 有无穷多组（整数）解，其中 d 是不含平方因子的正整数.

数学大师欧拉发现：若 $\sqrt{2}$ 的连分数展开为

$$\sqrt{2} = 1 + \cfrac{1}{2 + \cfrac{1}{2 + \cfrac{1}{2 + \ddots}}},$$

则它的诸近似值为：

$$1,\ 1 + \frac{1}{2} = \frac{3}{2},\ 1 + \cfrac{1}{2 + \cfrac{1}{2}} = \frac{7}{5},$$

$$1 + \cfrac{1}{2 + \cfrac{1}{2 + \cfrac{1}{2 + \cfrac{1}{2}}}} = \frac{17}{12},\ \cdots$$

将上面的分式记作 $\frac{x}{y}$，则 $(x,\ y)$ 皆为方程 $x^2 - 2y^2 = \pm 1$ 的解（无穷多组）.

顺便讲一句，当 n 充分大时有下面的不等式：

$$\sum_{k=1}^{2n}\frac{1}{k}>1+\frac{n}{2}.$$

用它也可（估）算当 n 给定时，$\sum_{k=1}^{2n}\frac{1}{k}$ 的近似值.

2．数学中的有限

　　有限与无限是对立的. 人们或许会以为，数学中的有限是举目皆是，然而某些有限在数学中亦是弥足珍贵.

　　前面我们讲过的三角数（见下图）$T_n=\frac{1}{2}n(n+1)$，即 1，3，6，10，15，….

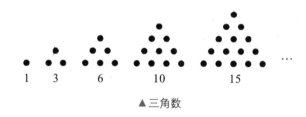

▲三角数

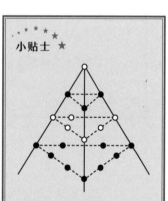
　　虽然它的个数无限，但其中具有某些特性的数却并不多，甚至只有有限个，比如，$\{T_n\}$ 中仅有六个是由同一数字组成的数：

　　　1，3，6，55，66，666.

　　又下面的形数称为四角数：

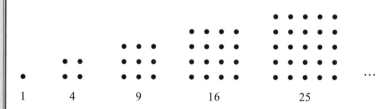

1　　　4　　　9　　　16　　　25

（前文已述多角数概念还可推广到 k 角数）相邻两个四角数和构成所谓"金字塔数"，其通项是

$$G_n = \frac{1}{6}n(n+1)(2n+1).$$

这种数中，仅有 1 和 4900 两个完全平方数，这由 1875 年卢卡斯猜测，直到 1918 年才由沃森给出了证明．

前文已述多角数还有许多有趣性质．

而由兔生小兔问题而引发的斐波那契数列（每项是其前两相邻项和的数列）$\{f_n\}$：

1，1，2，3，5，8，13，21，34，55，89，144，233，…

中的完全平方数仅有 1，1，144 这三项，即 1，144 这两个数（它于 1964 年由我国柯召院士等人解决），且仅有 1，3，21 和 55 这四个三角形数．

1842 年，卡塔兰曾猜想：

整数 8（$=2^3$）和 9（$=3^2$）是唯一一对都是正整数幂的相继自然数．

（对于方幂中有一平方数的情形，被柯召院士于 1962 年解决；1976 年荷兰数学家蒂德曼证明：若两相继自然数均为正整数幂，则每个正整数的幂均应小于常数 C，其中 $C=10^{10^{500}}$．）

整数 26 是唯一一个夹在两个方幂（5^2 和 3^3）之间的整数，即椭圆函数方程 $x^3-y^2=2$，仅有一组整数解（3，5）．而 $x^3-y^2=4$，有两组整数解（2，2）和（5，11）；又，方程 $x^3-y^2=8$ 仅有（2，0）一组解．

试问 $x^3-y^2=6$ 的情况又如何？

2.1　有公式求根的一元 n 次方程最高次数是五

一元一次、一元二次、一元三次、一元四次方程均有求根公式（即公式解），但能够有求根公式的一元 n 次方程最高次数 $n=4$，换言之，一般一元五次及五次以上代数方程无求根公式（特殊形式的方程除外，如 $x^5-1=0$ 等）．

小贴士 ★

数夹数

请注意下面排列的一排数字（其中 1，2，3 各一对）：

3　1　2　1　3　2．

其规律是：两个 1 之间夹一个数，两个 2 之间夹两个数，两个 3 之间夹三个数．

4　1　3　1　2　4　3　2

也是有着上述规律的一列数．

然而并非所有情况皆如此，比如 1~5 各一对，要排成具有上述规律的一排数是办不到的，这一点可以严格证明．

★·★·★·★·★·★
小贴士 ★

代数方程的求根公式

一元一次方程 $ax+b=0(a \neq 0)$ 的根可由系数表示为：$x=-b/a$；

一元二次方程 $ax^2+bx+c=0(a \neq 0)$ 的根也可由其系数表示为：$x_{1,2}=\dfrac{-b \pm \sqrt{b^2-4ac}}{2a}$；

一元三次方程 $ax^3+bx^2+cx+d=0(a \neq 0)$ 的根亦可由其系数的代数式表示；

一元四次方程 $ax^4+bx^3+cx^2+dx+e=0(a \neq 0)$ 的根也可用上述方法得到.

但一般一元五次或五次以上的代数方程的根无法得到公式解，它的严格证明是由挪威数学家阿贝尔和法国数学家伽罗瓦共同完成的. 由于此项研究还诞生一门新的数学分支——群论.

三次方程根式解（公式解）的获得是 16 世纪数学史的重大发现之一.

三次方程 $x^3=ax+b$ 的卡丹（G. Cardan）求解公式是：

$$x=\sqrt[3]{\dfrac{b}{2}+\sqrt{\left(\dfrac{b}{2}\right)^2-\left(\dfrac{a}{3}\right)^3}}+\sqrt[3]{\dfrac{b}{2}-\sqrt{\left(\dfrac{b}{2}\right)^2-\left(\dfrac{a}{3}\right)^3}}.$$

其实它还有另外两个根：

$$x_2=\sqrt[3]{\dfrac{b}{2}+\sqrt{\left(\dfrac{b}{2}\right)^2-\left(\dfrac{a}{3}\right)^3}}\,\omega+\sqrt[3]{\dfrac{b}{2}-\sqrt{\left(\dfrac{b}{2}\right)^2-\left(\dfrac{a}{3}\right)^3}}\,\omega^2,$$

$$x_3=\sqrt[3]{\dfrac{b}{2}\sqrt{\left(\dfrac{b}{2}\right)^2-\left(\dfrac{a}{3}\right)^3}}\,\omega^2+\sqrt[3]{\dfrac{b}{2}-\sqrt{\left(\dfrac{b}{2}\right)^2-\left(\dfrac{a}{3}\right)^3}}\,\omega,$$

其中 $\omega=1-\dfrac{1}{2}(-1+\sqrt{3}\,\mathrm{i})$，它是 1 的 3 次单位根之一，即满足 $x^3-1=0$ 的一个根.

此外，对一般一元三次方程 $ax^3+bx^2+cx+d=0(a \neq 0)$ 可通过变换 $x=y-\dfrac{b}{3a}$ 化为 $y^3+py+q=0$ 的形式（缺二次项）.

一元四次方程 $x^4+a_1x^3+a_2x^2+a_3x+a_4=0$ 的根，为方程（关于 x 的）$x^2+\dfrac{1}{2}(a_1+A)x+[y+\dfrac{1}{A}(a_1y-a_3)]=0$ 的根，其中

$$A=\pm\sqrt{8y+a_1^2-4a_2}\,.$$

而 y 是方程

$$8y^3-4a_2y+(2a_1a_3-8a_4)+a_4(4a_2-a_1^2)-a_3^2=0$$

的任一实根.

对于一元四次方程当然还有其他求根公式（这些求根公式过繁，一般无须记忆，用时查一下资料即可）.

2.2 正多面体只有五种

2000 多年以前，柏拉图曾将正多面体（当时已知有五种）与火、土、水、空气、以太（宇宙）相对应，他认为：

正四面体——火；正六面体——土；正八面体——空气；正十二面体——以太（宇宙）；正二十面体——水.

为何正多面体只有五种？这个令不少人困惑的问题，同样吸引天文学家开普勒，他在其名著《宇宙之谜》中给出一个不

拘一格的宇宙（天体）和谐模型：开普勒的宇宙模型.

他在考虑正三角形内切及外接圆半径时，居然发现两圆半径之比几乎与土星和木星轨道长之比相同. 1595 年，开普勒出版了《宇宙之谜》一书，他把行星系的距离数据归结到交替与球面内接或外切多面体中，其中土、木、火、地、金、水六星依次由立方体、正四面体、正十二面体与正二十面体以球内切、外接相互隔开（见右图）.

开普勒的模型追求是教条主义和非理性的，显然不能为科学所验证，但我们现在仍然共享着他的关于宇宙在数学上是和谐的这一理念.

这个问题的数学解释（严格的）是：

尽管几何（或现实世界）中的多面体千姿百态，种类繁多，欧拉却从中找出了它们的共性，建立了一个关于（单连通面组成的）简单多面体（表面连续变形，可变为球面的多面体）的顶点数 V、棱数 E 和面数 F 的等式：

$$V-E+F=2 \text{（欧拉公式）.}$$

在众多的场合下，它是普适的. 说得具体点，该公式适用于简单多面体（前文已述，数 $V-E+F$ 称为欧拉示性数，是几何研究的重要指标之一）. 人们正是依据这一点证明了：

正多面体仅有五种：正四面体、正六面体、正八面体、正十二面体、正二十面体.

▲ 1593 年伽利略用斜面进行加速度实验. 图中有柏拉图用正多面体诠释宇宙的模型. 由于柏拉图在其哲学论著中将该五种正多面体放在十分重要的地位，故正多面体又称为"柏拉图体".

▲开普勒行星理论基础.

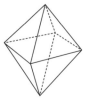 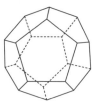 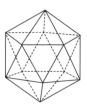

正四面体　　　正六面体　　　正八面体　　　正十二面体　　　正二十面体

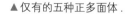

▲仅有的五种正多面体.

该证明最早是泰阿泰德（Theatetus）完成的.

下面给出五种正多面体体积公式及近似：

n	4	6	8	12	20
V	$\dfrac{\sqrt{2}}{12}a^3$ $\approx 0.1179a^3$	a^3	$\dfrac{\sqrt{2}}{3}a^3$ $\approx 0.4714a^3$	$\dfrac{1}{4}(15+7\sqrt{5})a^3$ $\approx 7.6631a^3$	$\dfrac{5}{12}(3+\sqrt{5})a^3$ $\approx 2.1817a^3$

其中 a 为正多面体棱长.

此外，与它们共轭的多面体（即若两多面体的棱数相同，且其中一个顶点数和面数恰好是另一多面体的面数和顶点数，则两多面体互称共轭）也只有 5 种.

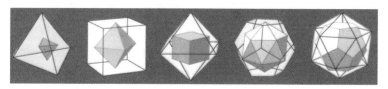

▲正多面体及其共轭图形.

正多面体及与其共轭的多面体每面的边数 n 和交于一点的棱数 m，以及 V（顶点数），E（棱数），F（面数）关系如下表：

正多面体与其共轭多面体中的数据

正多面体	n　　m	V　　F	E
正四面体	3←→3	4←→4	6
正六面体	4↘3	8↘6	12
正八面体	3↗4	6↗8	12
正十二面体	5↘3	20↘12	30
正二十面体	3↗5	12↗20	30

2.3　正多边形、圆与星球

画出一个外切于地球的正方形，则与其周长相等的圆（即图中虚线部分）能刚刚好定义出月球的相对大小（虚线圆的半

小贴士 ★

正多面体只有五种

正多面体（各个面均为全等正多边形的几何体）有五种. 这个结论可见欧几里得《几何原本》第 13 篇命题 18 的推论.

小贴士 ★

公式 $V-E+F=2$ 只对简单凸多面体成立.

正如平面多边形内角和公式 $(n-2)\pi$ 只对凸 n 边形成立.

1813 年瑞士数学家洛怀黎尔（S. A. J. L'huilier）指出下图中 $V-E+F=0$.

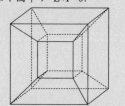

此时欧拉公式可推广（或修改）为
$$V-E+F=2-2p,$$
其中 p 为亏格，$2-2p$ 为欧拉示性数.

小贴士 ★

共轭复数

共轭在数领域也会出现，比如在复数域中 $a+bi$ 与 $a-bi$ 即为一对共轭复数.

径为地球半径与月球半径之和），精确度高达 0.999.

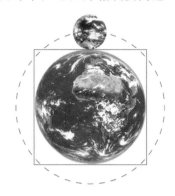

圆内接八角星形成的正八边形的内切圆和等圆内接五角星形成的正五边形的外接圆恰好分别代表火星大小（或轨道）和地球大小（或轨道），其中的奥秘等待人们去揭示.

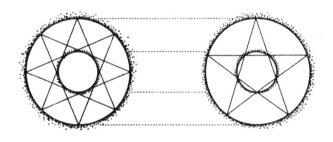

2.4 "八后问题"

高斯曾研究过 8×8 国际象棋棋盘上最多能放多少个王（皇）后，使其彼此不被吃掉？

答案是：最多放 8 个，且解仅有 92 种（高斯起初误以为有 76 种解，后来人们用电子计算机核验后，发现它有 92 种解），右图是其中一种解.

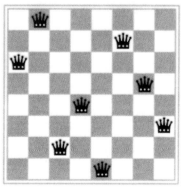

1850 年，诺克曾提出 " n 后问题"：

$n×n$ 的棋盘（国际象棋）上能否放置 n 个王（皇）后使其彼此不被吃掉？

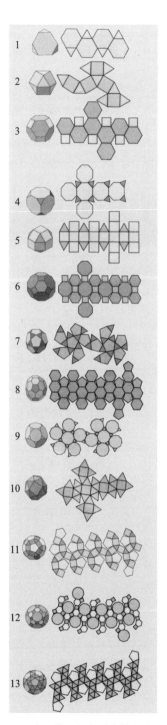

▲ 以两种正多边形为其面的多面体，称为半正多面体，又称阿基米德体.

1969 年，霍夫曼证明了下面的结论：

$n>3$ 时，"n 后问题"均有解，且解的个数如下表所示：

n	4	5	6	7	8	9	10	11	12	13	…
解的个数	2	10	4	40	92	352	724	2680	14200	73712	…

2.5　方程 $x^n+y^n=z^n$（$n \geq 3$）无非平凡整数解

早在两千多年前，古希腊学者毕达哥拉斯就已发现，在我国称为"勾股定理"的著名定理，且由此引出"毕达哥拉斯数"或"勾股数"，即满足 $x^2+y^2=z^2$ 的正整数组（x，y，z）. 其实它有无穷多组，比如若 m，n 为正整数：

$$x=2mn，y=m^2-n^2，z=m^2+n^2，$$

便可给出无穷多组勾股数（当然还有其他形式的表示式）. 但问题稍作推广，比如有无满足 $x^3+y^3=z^3$ 的正整数 x，y，z 时，答案却是否定的（这里仅将幂指数 2 改换为 3）.

1637 年费马在丢番图的名著《算术》一书中，关于毕达哥拉斯数组的论述的空白处写道：

将一个立方数分为两个立方数，一个四次方数分为两个四次方数……或者一般地将一个高于二次的幂分为两个同次幂，这是不可能的. 关于此，我确信已发现一种美妙的证法，可惜这里空白太小，写不下它.

▲ 丢番图的《算术》扉页.

这段话用现代数学术语和符号来描述即"不可能有正整数 x，y，z 满足 $x^n+y^n=z^n$，这里 $n \geq 3$"（注意这里 3 是一个界）.

这个问题前文已述它被称为"费马大定理"，史上不少数学家对 n 是某些具体数字时给出证明. 直到 1994 年 10 月，该定理才为数学家怀尔斯和泰勒共同证得.

人们在研究该猜想时，无意中派生出一些另类问题，比如：

1953 年莫德尔给出方程（不定方程）

$$x^3+y^3+z^3=3$$

的两组（整数）解（x，y，z）=（1，1，1）和（4，4，−5）. 半个多世纪过去，近来人们又找到（借助电子计算机）其第 3 组解（显然引起人们的极大兴趣和关注）：

（5699368212219623807202，−5699368211135634935092，
−472715493453327032）.

此后用整数（包括负整数）的三立方和表示数，引起不少数学爱好者的兴趣.

人们研究发现：所有非 $9k\pm4$ 型整数均可表为三个整数的立方和. 比如

$$99=5^3-3^3-1^3=5^3+(-3)^3+(-1)^3.$$

至 2016 年在小于 1000 的整数中未能找到解的数仅有

33， 42， 74， 114，165，390，579，
627，633，732，795，906，921，975.

2019 年 3 月，Tim Browning 用电子计算机算得到 33 的一组解：

（8866128975287528，−8778405442862239，−2736111468807040）.

2019 年 9 月 6 日，两位数学爱好者用 50 万台电脑创建众包平台，历时几个月花费大约一百多万小时找到 42（100 以内的最后一个非 $9k\pm4$ 型整数）的三立方和表示：

$$42=(-80538738812075974)^3+80435758145817515^3+$$
$$12602123297335631^3.$$

至此，小于 100 的非 $9k\pm4$ 型整数问题全部被解决. 这么大的数验算起来远非易事，寻找起来将更加困难，即便是利用电子计算机.

3. 用有限来表现无限

3.1 地图只需四种颜色着色

平面或球面上的地图只需 4 种颜色即可将图上任何两相邻区域分开. 显然，颜色（下称染色数）不能少于四种.

这个问题最早由莫比乌斯于 1840 年发现，但当时未能引起人们重视. 1852 年英国学生弗兰西斯向其兄弗利德克再次提出该问题，后者请教了他的老师德·摩根（A. de Morgan），德·摩根又请教了哈密顿，他们均不能解答.

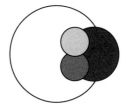

▲ 需要四种颜色涂色的地图（最简的）.

1878 年, 数学家凯莱正式向伦敦数学会提出这一问题, 人称"四色猜想".

1879 年, 肯普 (A. B. Kempe) 给出了猜想的第一证明. 次年, 希伍德 (P. J. Heawood) 发现该证明有误, 同时他给出了"五色猜想"(染色数为 5) 的证明.

此前 (1880 年), 塔特 (P. G. Tait) 也对"四色猜想"给出一个证明, 但是 1946 年因加拿大数学家图特 (W. T. Tutte) 构造出反例而否定了塔特的证明.

此后, 汉斯 (Heesch) 发展了一种排除法以寻求可约构形的不可避免集, 这对定理的最终解决提供了重要的方法.

1939 年富兰克林 (P. Franklin) 对区域数为 22 及以下的情形给出证明.

1950 年威恩 (C. E. Winn) 对于区域数为 36 及以下的情形证明了结论成立. 此后, 奥尔 (O. Ore) 于 1975 年将区域数推至 52 及以下证得结论.

至 1975 年止, 人们仅对区域数为有限的情形给出了证明, 具体进展情况可见下表:

年　份	1939	1956	1975
证明者	富兰克林	威恩	奥尔
区域数	≤ 22	≤ 36	≤ 52

其间, 值得一提的是: 问题研究的重大进展或突破是数学家汉斯发展了排除法, 且用此方法来寻找可约构形的不可避免集, 这为利用计算机去证明该定理奠定了基础.

1976 年美国人阿佩尔 (K. Apple)、黑肯 (W. Haken) 和库克 (J. Koch) 在计算机上花 1200 小时 (机上时间), 进行 60 亿个逻辑判断, 终于证得"四色猜想"(此后有人对证明做了简化).

早在球面或平面上"四色猜想"证明之前, 希伍德已证得环面上地图的"七色问题"(用七种颜色可将环面上地图彼此区分开).

3.2 可铺满平面的直线图形

用同样规格（形状）的图形无重叠、无缝隙地铺满平面问题，是数学中用有限填满无限的一个有趣话题. 先来看用正多边形去铺满平面问题. 是否所有的正多边形都可以呢？回答是否定的. 其实只有三种正多边形：正三角形、正四边形、正六边形能够铺满平面.

通过简单的计算不难证实这一点. 设正 n 边形内角为 α_n，若它能铺满平面，必有 k，使得 $k \cdot \alpha_n = 360°$.

又，用正多边形内角公式 $\alpha_n = (n-2)180°/n$ 代入上式，便有 $k(n-2) = 2n$，即 $n = 2 + \dfrac{4}{k-2}$. 而 n 只能是整数，这仅当 $k = 3$，4，6 时此式才可成立，n 为 6，4，3（据资料显示这个问题早在毕达哥拉斯时代已有研究）.

若允许同时使用正三、正四、正五……正 k 边形等 $k-2$ 种不同正多边形铺设（设能在平面铺砌中的所用正多边形边数分别为 n_1，n_2，$\cdots$，n_i），则有下表结果.

使用多种不同正多边形铺满平面的情形表

正多边形种类数	所建立的代数式 （由内角关系）	解（n_1，n_2，$\cdots$，n_i）
三种	$\sum\limits_{i=1}^{3} \dfrac{1}{n_i} = \dfrac{1}{2}$ 这里 n_i 为正 n_i 边形的边数（下同）	$(3,7,42)^*$， $(3,9,18)^*$，$(3,10,15)^*$ $(3,12,12)$，$(4,5,20)^*$ $(4,6,12)$，$(4,8,8)$ $(5,5,10)^*$，$(6,6,6)$
四种	$\sum\limits_{i=1}^{4} \dfrac{1}{n_i} = 1$	$(3,3,4,12)$，$(3,3,6,6)$ $(3,4,4,6)$，$(4,4,4,4)$
五种	$\sum\limits_{i=1}^{5} \dfrac{1}{n_i} = \dfrac{3}{2}$	$(3,3,3,3,6)$，$(3,3,3,4,4)$
六种	$\sum\limits_{i=1}^{6} \dfrac{1}{n_i} = 2$	$(3,3,3,3,3,3)$

注意，表中解里带 * 号的解为不能扩展到整个平面者，故真正的解共有 11 组. 显然，多于六种的正多边形铺设不存在（三角形为具有最小内角的正多边形，其内角为 60°）.

若允许在空隙中添加其他正多边形,则花样(种类)更多,几乎无穷无尽.

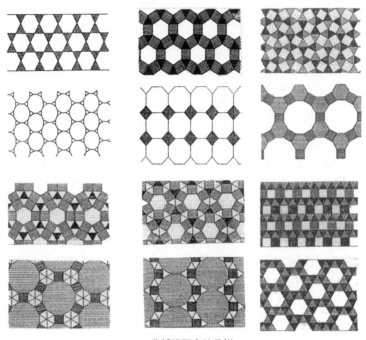

▲一些铺设图案的花样.

令人不解的是,对于一般图形我们知道:平行四边形可以铺满平面;梯形也可以(四个梯形可拼成一个平行四边形)……其实,任何同样规格的四边形也都可以铺满平面(见下图).

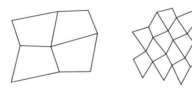

可是并非所有五边形皆可铺满平面. 对五边形而言,能用它们铺满平面的至今只找到16种(下图给出其中的13种,图中 α, x, y 表示角度, a, b, c 为边长,1978年沙特斯奈德等人的文章中指出,其实早在100多年前莱因哈特(Karl Rheinhardt)已发现了五种这类图形. 1968年克特舍(R. Kertsher)又发现三种. 1975年詹姆斯(R. James)再给出一种,尔后,赖斯(Marjorie Rice)于1977年又给出四种这类图形:

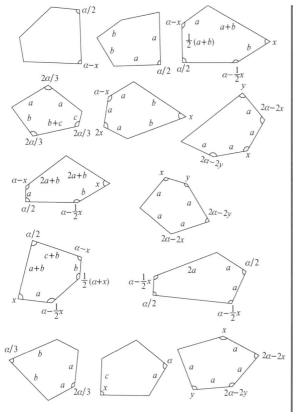

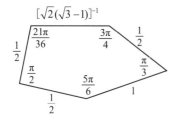

▲ 能铺满平面的 13 种五边形.

1985 年斯坦因（R. Stein）也给出一种这类图形，使得可铺满平面的五边形数目增至 14.

大约 30 年后美国华盛顿大学的卡西·曼（Casey Mann）等人给出第 15 种该类图形：

$$[\sqrt{2}(\sqrt{3}-1)]^{-1}$$

★ ★ ★ ★ ★

小贴士 ★

图形大小相等与组成相等

从某种意义上看，图形的"大小"与"组成"并非一回事.

若两个几何图形面积相等，则称它们大小相等；若能将其中之一经有限次分割组成另一个图形，则称它们组成相等.

1832 年匈牙利数学家鲍耶、1833 年德国人盖尔文证明了：

两个大小相等的多边形一定组成相等.

他们的证明依据了下面的五条引理（这里用"≃"表示组成相等）

（1）图形 $A \simeq B$，又 $B \simeq C$，则 $A \simeq C$；

（2）（任何）三角形 ≃ 某矩形；

（3）等底等积的两平行四边形组成相等；

（4）等积的两矩形组成相等；

（5）多边形 ≃ 矩形.

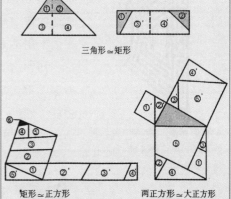

三角形≃矩形

矩形≃正方形　　　两正方形≃大正方形

然而把这里的结论推广到空间情况如何？也就是说：两个体积相等的多面体，是否也组成相等？（希尔伯特第三问题）

1900 年，希尔伯特的学生戴恩给出了否定答案. 他证明了：存在这样的两个四面体，它们的体积相等，但组成不相等.

这是希尔伯特问题中最早被解决的一个问题.

人们由此想到睿智的欧几里得在《几何原本》中定义几何体体积时，没有采用几何图形面积定义的模式（分割方法），而是采用穷竭法（即今日的极限过程），欧几里得似乎意识到了这一点. 这个事实也早为数学家高斯所发觉.

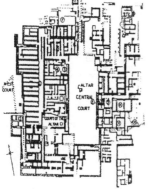

人们同样发现：并非所有六边形皆可铺满平面.

能铺满平面的普通六边形已发现三种（1918 年由莱因哈托发现，这也是至今为止人们仅仅找到的三种）：

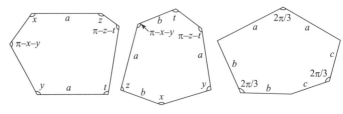

▲ 能铺满平面的六边形.

3.3　彭罗斯瓷砖

用两种图案（或图形）去表现无穷多种构图时，"彭罗斯飞镖"的图形最耐人寻味.

20 世纪 70 年代，英国物理学家（也是有时把数学作为娱乐消遣的数学家）彭罗斯（R. Penrose）开始有兴趣研究在同一张平面上用不同的瓷砖铺设的问题.

▲ 英国威廉（William）三世修建的汉普顿（Hampton）迷宫平面图.

1974 年当彭罗斯发表他的结果时，人们（特别是这方面的专家）都大吃一惊. 文中他确定了三类这种瓷砖（下称彭罗斯瓷砖），第一类两种分别为风筝形和镖形，它们是由同一个菱形剪出的，如下图所示：

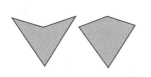

第二类是由边长相同、胖瘦不一的两种菱形组成的（有趣的是它们的面积比恰为 $\dfrac{\sqrt{5}-1}{2}=0.618\cdots$），如下图所示：

小贴士 ★

　　显然对于铺地多边形，讨论的皆为凸多边形，且六以上多边形的研究至今鲜有结果.

　　彭罗斯瓷砖涉及了非凸（即凹）多边形.

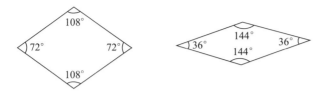

第三类则由四种图形组成，它们分别如下图所示：

正五边形　　　菱形　　　五角星形　　　皇冠形

更有趣的是这三类瓷砖皆与正五边形（或五角星）有关：组成这些图形的角要么是108°（正五边形内角），要么是72°（正五边形外角），要么是它们的一半或倍数：36°，144°，216°，….

又如第一类的筝形与镖形是由一个内角为72°的菱形依照五角星对角线长来分割而成，即下图（1）（2）中，BD 与 ED 相等或与其对应边的比值相等.

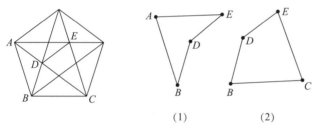

（1）　　　（2）

这种瓷砖的奇妙之处在于：用它们中的每一类皆可无重叠又无缝隙地铺满平面，同时铺设结构不具"平移对称性"，也就是说从整体上看图形不重复. 比如分别用第一类、第二类和第三类彭罗斯瓷砖的铺砌可有如下图形：

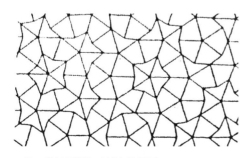

▲ 第一类彭罗斯瓷砖铺砌的图形.

▲ 第二类彭罗斯瓷砖的铺砌.

从图中不难看出我们前文所说的性质：用它们所作的铺砌既无重叠、又无缝隙，且图形不重复（不具"平移对称性"）.

更为奇妙的是，利用彭罗斯瓷砖进行铺砌时，还可从铺砌的图形中找出上述瓷砖自身的放大"克隆"，比如用第三类瓷砖的铺砌中［见下图（a）］总可找到它们的放大图形，如下图（b）中粗线所示.

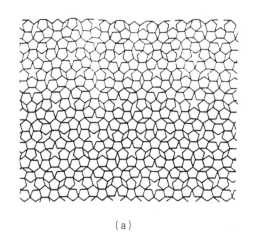

(a)

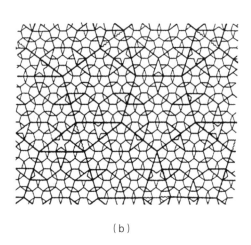

(b)

此外，上述铺砌中还蕴涵许多奥妙（从图形上分析），无论如何，上面列举的现象足以令人称奇，这种用"有穷（限）"去表现"无穷"，无穷中又蕴涵有穷，是数学奇异美的一个重要方面.

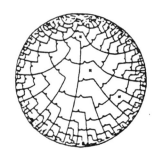

▲ 双曲平面上的彭罗斯铺砌.

问题并没有完结，比如人们或许会问：有这种性质的瓷砖品种数（前述三类各有 2，2，4 个品种）能否为 1？这一点至今未能找到答案.

但是，这个问题在双曲面上的答案据称已找到（用同一种瓷砖铺砌、无重复图案，仅在一个方向上呈周期的图形）.

1982 年美国科学家在寻找一种超强合金，当化学家舒曼（Shuman）对其进行测试时，发现该晶体（人称准晶体）具有五重对称中心，它与理论上的巴罗定律——晶体不能有一个以上的五重对称中心——相悖. 但它正是彭罗斯图形及其三维推广后可铺砌图形具有的性质之一. 它从数学上解释了该现象，这也为用数学方法解释物理现象提供了佐证（它也与斐波那契数列有关）.

3.4　不规则图形铺地问题

关于铺地问题，其实有些不规则的图形也能铺满平面.

比如下面的图案也可以镶嵌（铺满）平面（包括第二章"对称"一节中给出的《骑士》图案也可以铺满平面）. 如前所述，这些图形从拓扑变换观点看都是等价的.

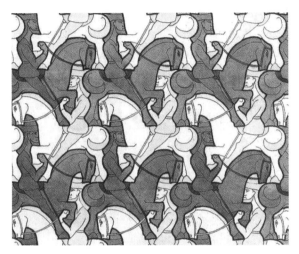

▲ 埃舍尔《骑士》.

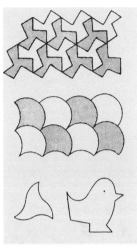

▲ 能铺满平面的一些图形.

3.5　七巧板

铺地问题实际上也是用"有限"去表示"无限"问题的变形或另一种提法，它显然是探索无限的空间或领域用有限的单元和个体填充时的种类.

说到这里，我们又想到了用"有限"表达"无限"的哲学及美学问题. 无限中的有限是数学中的美的现象，而有限中的无限，同样是数学特有的美.

就拿数来讲，前文我们讲过：虽然数概念不断扩大，但人们只需用 0 和 1～9 这十个数，至多加上某些数学符号如正、负号、小数点、根号（开方）等运算符号，就可以将全部实数表达出来，这里面有有限小数，也有无限小数；无限小数有的无限循环（有理数），有的无限且不循环（无理数），正如外语中的有限个字母可以表达无限的语汇.

▲ 图形极限（埃舍尔）.

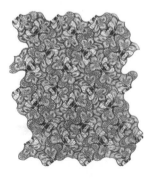

▲ 苜蓿叶中的蜜蜂（埃舍尔）. 这是一幅用蜜蜂图案铺成的无缝图形；换言之，这种图形可铺满整个平面.

用"有限"去表现"无限"，我们还不能不提及流传于我国的一种数学游戏——七巧板，它是用极其简练的数学形式描述自然界事物形象的一种方法.

早在一千多年以前，我国就出现了一种广泛流传于民间的数学游戏——七巧板. 它是我们的前辈运用面积的分割和拼补的原理或方法，以及有相同组成成分的平面图形等积的结论进行研究并创造出来的.

七巧板是由尺寸互相关联的一对大直角三角形、一对小直角三角形、一个中直角三角形、一个正方形和一个平行四边形所组成的（它们系由一个正方形分割而成）.

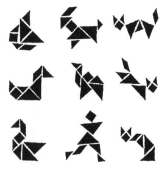
▲七巧板拼出的图形.

"七巧板"在明末清初得以定型. 清代书《七巧图合璧》（如下图）中已列举几百种七巧板图样，包括人物、动物、工具、文字等.

小贴士

十五巧板（益智板）

清代同治年间，童叶庚认为七巧板过于简单，于是设计出十五巧板，又称"益智板".

七巧板不仅用于益智，有人还对其数学内涵做了深入研究.

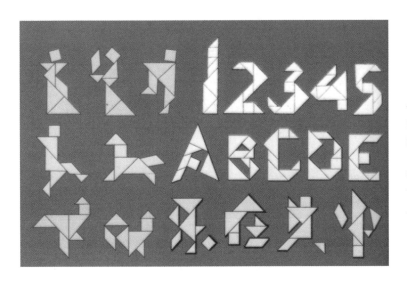

◀ 用七巧板可以拼出形状不同的人、动物以及其他物体的造型，也可拼出数码、外文符号以及汉字．它对于锻炼人们的智力和培养人们的思维想象能力、增强审美情趣是十分有益的．

20 世纪 80 年代有人就对七巧板的数学原理、性质进行了探讨，得出许多结论．

1942 年浙江大学两位数学教师在《美国数学月刊》上撰文称"一副七巧板只能拼成 13 种不同的凸多边形"（见下图）.

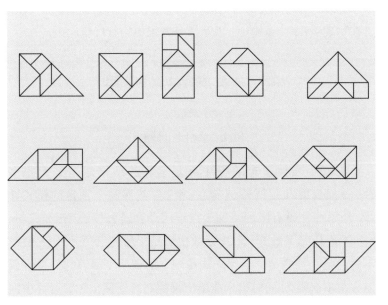

▲ 七巧板拼成凸多边形．

★ ★ ★ ★ ★

小贴士 ★

立体七巧板

"七巧板"还可以推广到空间，因而有了"立体七巧板"．它是由一个 3×3×3 的立方体裁出的七块：

方 椅

盒 床

3.6　用正、余弦函数和表示函数

用有限的东西通过无限形式表达的内容,就更为丰富多彩了.

三角函数 $\sin x$,$\cos x$ 是人们熟知的初等函数,这两函数简单的周期图像,让人过目不忘. 可它们(比如 $\sin x$,$\sin 3x$,$\sin 5x$,…)的无穷次迭加将产生怎样的效果,你也许无法想象.

法国数学家傅立叶(J. B. J. Fourier)的"一个周期函数,总可以表示成正弦级数和"的结论,更是令人称奇,令人赞叹,令人耳目一新.

▲傅立叶.

比如函数 $f(x) = \begin{cases} -1, & -\pi < x < 0, \\ 0, & x = 1,\ x = \pm\pi, \\ 1, & 0 < x < \pi \end{cases}$ 的傅立叶级数展开式为

$$f(x) = \frac{4}{\pi}\left(\sin x + \frac{1}{3}\sin 3x + \frac{1}{5}\sin 5x + \cdots\right).$$

傅立叶展开除了成为求解某些偏微分方程的首选方法外[这最先是由数学家泊松(S. D. Poisson)给出的,如今这类方程有许多新的解法],它还在电学、声学、热力学乃至音乐上皆有应用.

此外,由此拓展的傅立叶变换(由于它有许多美妙的性质)已在物理、工程、概率论,以及微分方程中均有广泛应用.

4.　由无穷产生的有限

4.1　3x+1 问题

数依照某种预定的程序反复运算的结果似乎是无限多种——但有时却是例外,任给一个数,按照某个预定的模式计算,结果往往是有限种(这一点可用计算器去核验,比如敲 sin 键,无论从哪个数开始,反复数次后结果必定为 0). 令人觉得不解的是:某些结论至今未能找到它的证明(尽管它们也许看上去很不起眼),同时也未能给出推翻它的反例(无穷运算中的有限的例子).

20 世纪 50 年代,美国耶鲁大学校园内流传一种数学游戏[游戏源于德国汉堡大学的卡拉兹(L. Collatz)研究函数性质时提出的一个问题或猜想，他是于 1950 年在美国马萨诸塞州召开的世界数学家大会上公之于众的，后经人们简化成游戏]，后来它被传到欧洲，曾在那儿风靡一时；尔后又被日本数学家角谷静夫（Kakutani）带到日本．游戏是这样的：

任给一个自然数，若它是偶数，则将它除以 2；若它是奇数，则将它乘以 3 后再加 1……如此下去，经过有限步骤后，它的结果必为 1（该游戏被称为 $3x+1$ 问题）．

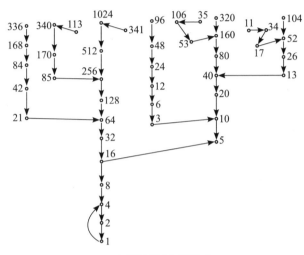

▲$3x+1$ 问题的部分运算图示．

★★★★★
小贴士 ★

$3x+1$ 运算时峰值与最长路径数，下表给出部分相对较大者．

$1\sim10^4$ 中 $3x+1$ 运算路径数及峰值表

x	路径数	峰值
1	0	1
2	1	2
3	7	16
7	16	52
15	17	160
27	111	9232
255	47	13120
447	97	39364
639	131	41524
703	170	250504
1819	161	1276936
4255	201	6810136
4591	170	8153620
9663	184	27114424

此表是说：比如 255 进行了 $3x+1$ 运算要经过 47 次迭代，且峰值达到 13120．

日本东京大学的一位教师（Nabuo Yoneda）用电子计算机对小于 2×10^{12} 的自然数进行验算，结果无一例外．但这个貌似简单的游戏至今未能为人们所证明（甚至连证明思路也未能找到）．

上面游戏稍稍修改，便得到 $3x+1$ 问题的变形：

任给一个自然数，若它是偶数，则将它除以 2；若它是奇数，则将它乘以 3 后再减 1……如此下去，经有限步骤后，它的结果必为 1 或者落入下面两个循环圈之一：

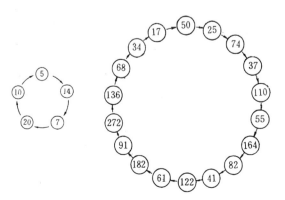

这个问题至今也未获证，尽管有人对小于 5.76×10^{18} 的自然数——作了验算均无例外.

不过人们在此问题证明上取得了一些局部结果.

比如若记卡拉兹数列（n 在 $3x+1$ 运算中产生的）中最小数为 $C(n)$，则：

1976 年 Terras 证明了对几乎所有的 n，有 $C(n) < n$.

1979 年 Kores 证明了对几乎所有的 n，有 $C(n) < n^a$.

40 年后（2019 年），陶哲轩利用偏微分方程（PDE）赋值、迭代最终给出 99% 的初始值大于 10^{15} 的卡拉兹数列（即按规定运算产生的数列）最终结果小于 200.

其实，由简单的数字运算导致的有趣现象（掉进"旋涡"或落入"黑洞"，这的确是一种奇妙的美）还有许多，这里不妨再举几例：

求一个自然数的各位数字平方和可以得到一个新数；再求这个新数的各位数字平方和……如此下去，经有限步骤后，结果必为 1 或进入下面的循环圈.

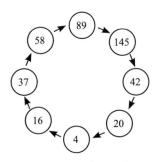

对一个自然数的各位数字求立方和运算也会出现类似的现象.

仿上，数字的立方和运算经有限步骤后结果为 1 或 153，370，371，407（前文曾有述），或进入下面四个循环圈中：

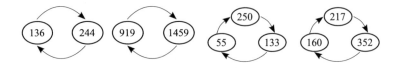

这些运算产生的现象堪称"数字黑洞"现象.

4.2 数字黑洞

整数排序后的简单减法运算同样会出现数字黑洞.

任给一个四位数（它们各位数字不全一样），先将它的数字按从大到小排成一个数，然后再减去由这些数字从小到大排成的四位数（前面数的逆序数），所得的差仍按上面的方式运算，经有限次（不超过十次）运算后，结果必为6174.

比如 4959 这个数，按上面规则运算结果为：

$$\begin{array}{c}9954\\-4599\\\hline 5355\end{array}\Rightarrow\begin{array}{c}5553\\-3555\\\hline 1998\end{array}\Rightarrow\begin{array}{c}9981\\-1899\\\hline 8082\end{array}\Rightarrow\begin{array}{c}8820\\-0288\\\hline 8532\end{array}\Rightarrow\begin{array}{c}8532\\-2358\\\hline 6174\end{array}.$$

这种运算称为"卡布列克运算".

对于两位数（它们的数字不全相同，下面诸情况类同）的卡布列克运算结果为：

$$27 \to 45 \to 09 \to 81 \to 63,$$

即进入一个循环圈.

对于三位数的卡布列克运算结果是 495.

五位数的卡布列克运算稍复杂，但它最终进入下面三个循环之一：

① 95553→99954；

② 95544→98550→99621→98622→97533→96543→97641；
96552→98730→99441→98442→97533

98640
③ 99990 → 99981→98820→99531

99963
99810 → 99711→98721 →98532→97443 → 96642.
96444 → 97551 ⎯ 97731
99972

法国数学家刘维尔（J. Liouville）在研究数的 3 次幂时发现下面事实：

选定自然数 N，再确定 N 的约数，比如它们是 N_1，N_2，…，N_k，再求这些约数的因子（包括 1 和它本身）个

★ ★ ★ ★ ★
小贴士 ★

数字通过简单的 +，−，×，÷ 四则运算产生的一些有趣现象屡见不鲜，例如：

① 3 的 k（$k=1$，2，3，…）倍的各位数字之和经反复"+"运算所得的最后结果是 3 或 6 或 9：

比如：3×11=33 → 3+3=6；
又如：3×12=36 → 3+6=9；
再如：3×13=39 → 3+9=12 → 1+2=3.

② 9 的 k（$k=1$，2，3，…）倍的各位数字之和经反复"+"运算所得的最后结果是 9：

比如：9×11=99 → 9+9=18 → 1+8=9；
又如：9×12=108 → 1+8=9；
再如：9×13=117 → 1+1+7=9.

★ ★ ★ ★ ★ ★
小贴士 ★

幂 m^n 的尾数

①以 0，1，5 结尾的数的任何次方，其尾数仍是 0，1，5.

② 2，3，4，7，8，9 的 n 次方以 4 为周期变化.

m^n 的尾数

m \ n	1	2	3	4	5	6	7	8
2	2	4	8	6	2	4	8	6
3	3	9	7	1	3	9	7	1
4	4	6	4	6	4	6	4	6
7	7	9	3	1	7	9	3	1
8	8	4	2	6	8	4	2	6
9	9	1	9	1	9	1	9	1

数,比如 N_1 有 n_1 个因子,N_2 有 n_2 个因子……N_k 有 n_k 个因子,则

$$n_1^3 + n_2^3 + \cdots + n_k^3 = (n_1 + n_2 + \cdots + n_k)^2.$$

比如,6 有约数(1,2,3,6);而这些因子的因子个数分别是(1,2,2,4),则有等式

$$1^3 + 2^3 + 2^3 + 4^3 = (1 + 2 + 2 + 4)^2.$$

[它与 $1^3 + 2^3 + \cdots + k^3 = (1 + 2 + \cdots + k)^2$ 何其相像!]

1930 年意大利的数学家杜西(Dusi)发现:

在一个圆的四周任写四个整数[如下图(a)中 17,25,47,55],再将它们两两之差(用大数减小数)写到与之同心的圆外面……如此下去,最后总可得到四个相同的数.

这里顺便指出:这里必须强调圆四周数字个数是四个,否则会有意外发生.比如对于六个数的结论有时不真,请看下图(b)中的运算,两步后便回到初始状态(即产生循环).

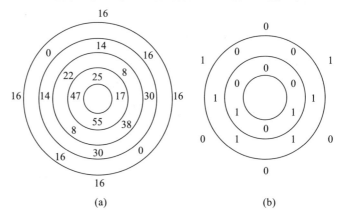

(a)　　　　　　　(b)

5. 无穷的大小与集合论的产生

说到无穷的分类或大小比较,的确是一件耐人寻味的事情.

首先在微积分中,若序列或函数的极限是无穷(+ ∞ 或 - ∞),均可说(有限)极限不存在或说极限是 ∞ 即可.级数求和时,和是无穷则称其为发散,而不论其大小.

应该强调的是: 无穷不是数,而是一种极限过程或趋势,或者说是一种极限.

但有时讨论这类问题时，便要考虑无穷的"大小"即阶，比如：

当 $x \to +\infty$ 时，$a^x(a>1)$ 的阶比 x^2 的阶要高，这即是表达它们趋向于无穷的速度快慢，通常可用下面的方法进行比较：

$$\lim_{x \to -\infty} \frac{a^x}{x^2} = +\infty \quad 或 \quad \lim_{x \to \infty} \frac{x^2}{a^x} = 0,$$

因而无穷（在阶数上）是分"大小"的，在数学分析（微积分）中当实数理论建立和完善后，无穷以"阶"划分"大小".

无穷还有一种度量（比较大小）的方法，即看无穷的**基数**或**势**. 这是由德国数学家康托创立集合论之后而引发的.

集合论（用公理化或朴素的直观方法研究集合性质的数学分支）是把数概念从有穷数拓广到无穷数，即是关于无穷集合和超穷基数、超穷序数的数学理论，它的出现是现代数学诞生的一个重要标志.

康托引入了聚点、导集概念，它们的建立是以承认无穷多个点作为整体的存在性为前提的.

在此基础上康托又总结了前人关于无穷的认识，汲取黑格尔实无穷（限）的思想，把无限看成一群实体，以无穷集合的形式给出的实无穷的概念.

★ ˙ ★ ˙ ★ ˙ ★ ˙ ★
小贴士 ★ ★

巴拿赫–塔尔斯基"奇论"

几何图形的面积（或体积）相等和它们的组成相等是两个不同的概念.
1924 年巴拿赫（Banach）和塔尔斯基（Tarski）证明了：

三维空间中任何两个几何体（从集合论观点看）都组成相等（悖论）.

用具体例子来讲，即一个豌豆和太阳（从集合论观点）是可以等度分解的. 这就是说：豌豆可以切割成无穷多小块（其实只要 5 块就够了），然后再用它们去重新组装成太阳（这里仅指形体）.

这便是巴拿赫–塔尔斯基悖论. 这个结论严格的数学叙述是：

在欧几里得空间 $\mathbb{R}^n$ 中任何两个有界集是可以等度分解的，只要它们有内点并且 $n>2$（如果人们允许分割成可数多块，则 $n=2$ 时即在 $\mathbb{R}^2$ 空间中结论亦真）.

当然在巴拿赫–塔尔斯基分解中，被切割的豌豆的每一小块都是不可测的，即它们没有体积.

显然，上述切割并非通常用剪子、刀子或其他切割工具所割下的一块，它们是从集合论观点（或角度）出发，应用所谓选择公理得到的.

其实这似乎无需大惊小怪，想想康托关于"长短不一的两线段上的点一样多"的结论，这里似乎是将该事实推广到了 3 维乃至 n 维空间，当然它也是在一一映射观点下得到的.

▲康托.

康托正是研究此问题时萌发了创立集合论的思想,"集合论"诞生是以 1874 年康托发表《关于一切代数实数的一个性质》一文为标志的. 文中康托以"一一对应"的关系,提出集合相等(等势)与否的概念,且提出可数、集合基数(或势)等概念(超限数诞生).

1877 年康托在写给狄德尔(Dider)的信中提出:

n 维空间的点集同实直线上的点集一一对应(等势).

这似乎让人觉得不可思议. 此外,他还证明了:

① 区间 $[a, b]$ 上的点不可数;

② 超越数(无理数的一种)比代数数多.

接着,康托又提出超穷数(超限数)概念:

$$\aleph_0, \aleph_1, \aleph_2, \cdots.$$

这里阿列夫"$\aleph$"是希伯来文中的一个字母,康托想用一个全新的符号来表示一类全新的数,$\aleph_0$ 是自然数的个数,又称基数或势,$\aleph_1$ 是大于 $\aleph_0$ 的最小基数或势,$\aleph_2$ 是大于 $\aleph_1$ 的最小基数或势,等等.

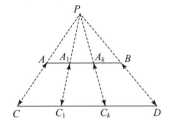

▲ 一个无穷集合的子集和该集合有一样多的元素. 从一一对应观点看,长短不一的两条直线 AB 和 CD 上的点一样多.

从集合论观点看:

　　长短不一的两条线段上的点,从"一一对应(映射)"观点看,它们的个数一样多.

　　正方形甚至正方体的点的个数,从"一一对应(映射)"观点看,它与任一线段上的点的个数一样多(它们的势或基数同),这些似乎有悖于常理(见下图).

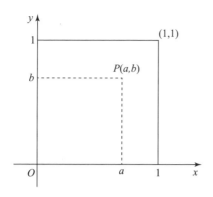

将单位正方形内任一点 $P(a,b)$ 中的 a, b 分别写成无限小数 $a=0.a_1a_2a_3\cdots$, $b=0.b_1b_2b_3\cdots$，则无限小数 $0.a_1b_1a_2b_2a_3b_3\cdots$〔它与区间（$a$, b）内的点一一对应〕对应〔0，1〕上一点，这样"从一一对应（映射）"观点看，单位正方形内点的个数与线段〔0，1〕上点的个数一样多（方法可推广到 n 维空间）.

其实正方形不一定要求是单位正方形，仿上因为正方形可与其一边上的点一样多，而任两线段上的点也一样多，这样任意正方形可与线段 [0，1] 上点的个数一样多.

超限数 $\aleph$ 有下列性质：

① $1+2+3+\cdots+n+\cdots=\aleph_0$；

② $\aleph_0+n=\aleph_0$，$\quad\aleph_0\times n=\aleph_0$；

③ $\aleph_0+\aleph_0+\aleph_0+\cdots=\aleph_0\times\aleph_0=\aleph_0^2=\aleph_0$；

④ $\aleph_1+\aleph_0=\aleph_1$；$\quad\aleph_1\times\aleph_0=\aleph_1$；

⑤ $\aleph_1+\aleph_1+\aleph_1+\cdots=\aleph_1\times\aleph_0=\aleph_1$；

⑥ $\aleph_1\times\aleph_1=(\aleph_1)^2=(\aleph_1)^n=(\aleph_1)^{\aleph_0}=\aleph_1$.

早在 19 世纪初，捷克数学家波尔查诺（B. Bolzano）在《无穷的悖论》一书中指出：

函数 $y=2x$ 的定义域为 [0，1]，但它的值域为 [0，2]，因此从函数一一对应关系上看 Ox 轴上区间 [0，1] 与 Oy 轴区间 [0，2] 上的点的个数一样多.

尽管波尔查诺综合了函数、几何和实直线几方面的研究，揭示了无穷中的不可思议（或称悖论），但他离康托创立的"集合论"尚缺少几个所需的概念.

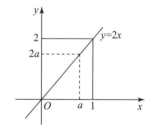

康托的超限数是数学天才的最杰出的产物，也是在纯智力领域人类能动性最美丽的成就之一.

——希尔伯特

康托"集合论"的创生,颠覆了人们对某些数学概念(传统)的理解与认知,然而,人们又在怀疑与不解中开始了对这些问题认真而严肃的思索,数学的新时代即将来临了.

6. 无穷带来的麻烦与机会

平心而论,人们至今对于无穷的认识仍有不少盲点. 比如:

微积分学给出如下结论: 调和级数 $\sum\limits_{k=1}^{\infty} \dfrac{1}{k}$ 是发散的(和是无穷大),但级数 $\sum\limits_{k=1}^{\infty} \dfrac{1}{k^2}$ 却是收敛的$\left(\text{和是有限数,它是}\dfrac{\pi^2}{6}\right)$.

这时问题就来了,先来看看它们的几何解释(见下图).

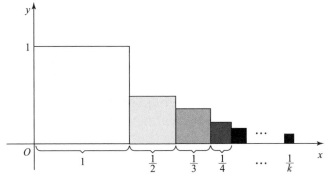

注意: $\dfrac{1}{k}$ (其中 $k=1,2,3,\cdots$)是上图中各个正方形边长, $\dfrac{1}{k^2}$ 是上图中各个正方形的面积,这些正方形的边长之和是无穷大,而以它们为边长的正方形面积和却是有限的.

我们再来看下面的一个问题(例子):

双曲线 $y=\dfrac{1}{x}$ 在 $[1,+\infty)$ 上的一段[下图(a)],绕 Ox 轴旋转时,形成一个旋转曲面[下图(b)].

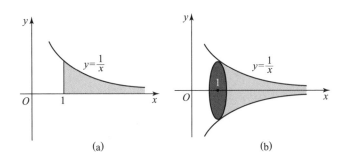

(a)   (b)

利用积分可以算得它的体积是有限的，然而它的侧面积却是无穷大（发散）.

$$体积 \ V = \pi \int_1^\infty \frac{\mathrm{d}x}{x^2} = \pi \ 是有限数;$$

$$侧面积 \ S_{侧} = 2\pi \int_1^\infty \frac{1}{x} \sqrt{1 + \frac{1}{x^4}} \mathrm{d}x \ 发散.$$

这是一个令人无法接受的事实，形象一点描述：一个装着有限数量的油漆桶，其表面要用无穷多数量的油漆去涂刷. 这显然是一个悖论，可该悖论至今仍未找到令人信服的"初等"解释（这似乎应与维数概念有关，分形理论创立后，我们有理由认为：该几何体维数不是3维，前面正方形系列组成的图形也非2维）.

但是这种状况迟早会改变的，或许那又是数学发现或创造的一次机会（分形理论应运而生）.

对于集合论，有人仍存疑虑. 1902年，英国数理逻辑学家罗素在《数学原理》中提出一个例子，足以说明"集合论本身是自相矛盾的"，这就是有名的罗素悖论：

试把集合分成两类：自己为自己元素者为甲类；自己不是自己元素者为乙类（用符号表示即：$M \in 甲 \Rightarrow M \in M$；$M \in 乙 \Rightarrow M \bar{\in} M$）. 这样，一个集合要么属于甲、要么属于乙，二者必居其一，且仅居其一.

试问：乙类集合的全体（它也是一个集合）属于哪一类？

若乙$\in$甲，由甲的定义，则有乙$\in$乙；这和乙$\in$甲矛盾；若乙$\in$乙，则仍以甲的定义应有乙$\in$甲，也矛盾！

罗素的这个悖论是在1902年6月16日写信告诉弗雷格的，它的另一种叙述为：

一切不是自己分子（元素）的类（集合）所组成的类（集合），设它为M. 现问：M是不是自己的分子（元素）？

若M是自己的分子（元素），那么据定义，它不应是自己的分子（元素）；

若M不是自己的分子（元素），那么又据定义，它应是自己的分子（元素）.

★ ★ ★ ★ ★
小贴士 ★

理发师悖论

这是罗素悖论的通俗叙述. 据称萨维尔村的一名理发师立下一条店规：只给不自己理发的人理发.

请问理发师的头应由谁来理？

若理发师自己理发，由于他只给"不自己理发的人"理发，与店规不符；

若理发师由别人理发，则他属于"不自己理发的人"，他的头应由理发师来理. 矛盾！

说谎者悖论

公元前6世纪前后，克里特人伊壁孟德提出一个说谎者问题.

一个克里特人说："克里特岛上的人都撒谎." 请问此话是真是假？

若此话为真，克里特人都撒谎，那么说此话的人也是克里特人，他的话应为谎话. 矛盾！

若上述话是谎话，则说克里特人不撒谎，但说话者显然撒谎，同时他也是克里特人，他不应撒谎才对. 又矛盾！

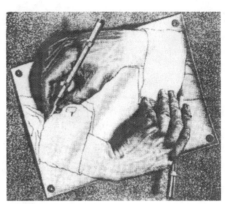

▲埃舍尔《手画手》.
这幅画是对集合悖论的最好诠释.

再回到前面康托创立集合论的话题来.

1891 年康托在《集合论的一个根本问题》中引入幂集（集合子集全体所构成的集），且指出**幂集的基数（或势）大于原集合的基数（或势）**，记 $2^{\aleph} > \aleph$.

同时他还构造了基数或势（若自然数集的基数或势为 $\aleph_0$）一个比一个大的无穷：

$$\aleph_0 < 2^{\aleph_0} < 2^{2^{\aleph_0}} < \cdots.$$

进而他又提出：

① 实数不可数（设其基数或势为 c）；

② 定义在区间 $[0,1]$ 上实函数集的基数或势为 f，则 $f > c$.

这样，若自然数全体的基数或势为 $\aleph_0$，则其幂集的基数或势 $2^{\aleph_0} = c$，且 $2^c = f$.

康托做出如下假设：$c = \aleph_1$（即可数基数 $\aleph_0$ 后面紧接着便是实数势或基数 c，或者说实数集等于有理数的幂集. 换言之 $\aleph_0$ 与 c 之间无其他集合的基数或者势存在），它被称为**连续统假设**（文献上简记 CH）.

集合的基数或势

集 合	基数或势
$1, 2, 3, 4, 5\cdots$ 或 $1, \dfrac{1}{2}, \dfrac{1}{3}, \dfrac{1}{4}, \cdots$	$\aleph_0$（整数或有理数个数）
― 或 □ 或 ▭	$\aleph_1$（线、面、体上几何点个数）
― ○ ◡ ⌣ …	$\aleph_2$（所有几何曲线或定义在某区间上的全部函数的基数）

　　1900 年连续统假设（CH）也被希尔伯特列入"当时数学中未解决的 23 个问题"（即希尔伯特问题）中的第一个.

　　直至 1963 年，该问题才由美国数学家科恩证明它不能用世所公认的策墨罗公理体系（ZF）证明其对错（即 CH 在 ZF 系统是不可证明的）.

　　正像欧几里得几何体系中由证明第五公设而引发的非欧几何诞生后，在认可的相容性前提下，该公设是独立（不可证明）的一样.

　　试想当初人们对康托推出集合论时的非难情形，一切皆随时间的推移和数学的进展而烟消云散，非难也变成欣赏、赞美.

　　数学家希尔伯特认为"集合论"的产生是"数学思想最惊人的产物，是纯粹理性范畴中人类活动的最美表现之一."

　　罗素也称康托的工作"可能是这个时代所能夸耀的最宏大的工作".

主要参考文献

1. 华罗庚著. 数论导引. 北京：科学出版社，1957.

2. 华罗庚著. 优选学. 北京：科学出版社，1981.

3. 李文林主编. 数学珍宝：历史文献精选. 北京：科学出版社，1998.

4. 吴文俊主编. 世界著名数学家传记. 北京：科学出版社，1995.

5. 梁宗巨著. 数学历史典故. 沈阳：辽宁教育出版社，1992.

6. 李迪主编. 中外数学史教程. 福州：福建教育出版社，1993.

7. 钱宝琮编. 中国数学史. 北京：科学出版社，1964.

8. 单墫主编. 数学名题辞典. 南京：江苏教育出版社，2002.

9. ［美］G. 波利亚著. 李心灿等译. 数学与猜想. 北京：科学出版社，1984.

10. ［美］M. 克莱因著. 张理京等译. 古今数学思想. 上海：上海科学技术出版社，1979.

11. 解恩泽，徐本顺主编. 世界数学家思想方法. 济南：山东教育出版社，1983.

12. 左宗明编著. 世界数学名题选讲. 上海：上海科学技术出版社，1990.

13. 刘德铭编著. 数学与未来. 长沙：湖南教育出版社，1987.

14. 张奠宙著. 数学的明天. 南宁：广西教育出版社，2000.

15. 吴振奎，吴昊编著. 数学中的美. 上海：上海教育出版社，2002.

16. 吴振奎，吴昊编著. 数学的创造. 上海：上海教育出版社，2003.

17. 吴振奎，俞晓群编著. 今日数学中的趣味问题. 天津：天津科学技术出版社，1990.

18. 吴振奎，钱智华编著. 数学的味道. 哈尔滨：哈尔滨工业大学出版社，2018.

19. 吴振奎，钱智华，于亚秀编著. 运筹学概论. 哈尔滨：哈尔滨工业大学出版社，2015.

20. ［英］西蒙·辛格著. 薛密译. 费马大定理：一个困惑了世间智者 358 年的谜. 上海：上海科学技术出版社，2013.

21. ［以色列］伊莱·马奥尔著. 王前等译. 无穷之旅：关于无穷大的文化之旅. 上海：上海教育出版社，2000.

22. ［英］L. 霍格本著. 李心灿译. 大众数学. 上海：科学普及出版社，1986.

23. 姜启源编. 数学模型. 北京：高等教育出版社，1993.

24. 单墫著. 十个有趣的数学问题，上海：上海教育出版社，1999.

25. 华罗庚著. 华罗庚科普著作选集. 上海：上海教育出版社，1984.

26. ［加拿大］盖伊著. 张明尧译. 数论中未解的问题. 北京：科学出版社，2003.

27. 梁宗巨著. 世界数学通史. 沈阳：辽宁教育出版社，1995.

科学元典丛书

达尔文经典著作系列

科学元典丛书（彩图珍藏版）除了沿袭丛书之前的优势和特色之外，还新增了三大亮点：

① 增加了数百幅插图。

② 增加了专家的"音频＋视频＋图文"导读。

③ 装帧设计全面升级，更典雅、更值得收藏。

名作名译·名家导读

《物种起源》由舒德干领衔翻译，他是中国科学院院士，国家自然科学奖一等奖获得者，西北大学早期生命研究所所长，西北大学博物馆馆长。2015 年，舒德干教授重走达尔文航路，以高级科学顾问身份前往加拉帕戈斯群岛考察，幸运地目睹了达尔文在《物种起源》中描述的部分生物和进化证据。本书也由他亲自"音频＋视频＋图文"导读。

《自然哲学之数学原理》译者王克迪，系北京大学博士，中共中央党校教授、现代科学技术与科技哲学教研室主任。在英伦访学期间，曾多次寻访牛顿生活、学习和工作过的圣迹，对牛顿的思想有深入的研究。本书亦由他亲自"音频＋视频＋图文"导读。

《狭义与广义相对论浅说》译者杨润殷先生是著名学者、翻译家。校译者胡刚复（1892—1966）是中国近代物理学奠基人之一，著名的物理学家、教育家。本书由中国科学院李醒民教授撰写导读，中国科学院自然科学史研究所方在庆研究员"音频＋视频"导读。

《关于两门新科学的对话》译者北京大学物理学武际可教授，曾任中国力学学会副理事长、计算力学专业委员会副主任、《力学与实践》期刊主编、《固体力学学报》编委、吉林大学兼职教授。本书亦由他亲自导读。

《海陆的起源》由中国著名地理学家和地理教育家，南京师范大学教授李旭旦翻译，北京大学教授孙元林，华中师范大学教授张祖林，中国地质科学院彭立红、刘平宇等导读。

园艺，让生活更美好

园丁手册：花园里的奇趣问答

〔英〕盖伊·巴特 著；莫海波、阎勇 译

中国：世界园林之母

一位博物学家在华西的旅行笔记

〔英〕E.H.威尔逊 著；胡启明 译

植物学家的词汇手册：图解 1300 条常用植物学术语

〔美〕苏珊·佩尔，波比·安吉尔 著；顾垒（顾有容）译

第二届中国出版政府奖（提名奖）
第三届中华优秀出版物奖（提名奖）
第五届国家图书馆文津图书奖第一名
中国大学出版社图书奖第九届优秀畅销书奖一等奖
2009年度全行业优秀畅销品种
2009年影响教师的100本图书
2009年度最值得一读的30本好书
2009年度引进版科技类优秀图书奖
第二届（2010年）百种优秀青春读物
第六届吴大猷科学普及著作奖佳作奖（中国台湾）
第二届"中国科普作家协会优秀科普作品奖"优秀奖
2012年全国优秀科普作品
2013年度教师喜爱的100本书

科学的旅程
（珍藏版）

雷·斯潘根贝格　戴安娜·莫泽 著
郭奕玲　陈蓉霞　沈慧君 译

物理学之美
（插图珍藏版）

杨建邺 著

500幅珍贵历史图片；震撼宇宙的思想之美

著名物理学家杨振宁作序推荐；
获北京市科协科普创作基金资助。

九堂简短有趣的通识课，带你倾听科学与诗的对话，
重访物理学史上那些美丽的瞬间，接近最真实的科学史。

第六届吴大猷科学普及著作奖
2012年全国优秀科普作品奖
第六届北京市优秀科普作品奖

美妙的数学
（插图珍藏版）

吴振奎 著

引导学生欣赏数学之美

揭示数学思维的底层逻辑

凸显数学文化与日常生活的关系

200余幅插图，数十个趣味小贴士和大师语录，全面展现
数、形、曲线、抽象、无穷等知识之美；
古老的数学，有说不完的故事，也有解不开的谜题。